JN297799

# 東京農場

## 坂本多《かず》旦《あき》 いのちの都づくり

松瀬 学

論創社

# 山口県における
# 船方農場グループ
# 組織配置状況

船方総合農場
よぉおいでました。

花の海
もぎとり体験農園
●種子から大切に育てた野菜畑です。
●旬の野菜の収穫を楽しんでください。
●受付は売店レジまでお願いいたします。

夢の島
東京国際展示場
（ビッグサイト）
有明《ありあけ》
東京港
江東区
若洲《わかす》
若洲公園
若洲ゴルフリンクス
東京港フェリーターミナル
東京ゲートブリッジ
中央防波堤内側埋立地
海の森
（造成中）
中央防波堤外側埋立地
臨海トンネル
新海面処分場埋立地

東京農場　坂本多旦いのちの都づくり

# 目次

## 第二章 六次産業・船方総合グループ

# 第二章　東京の農業

# 第四章　東京農業実現化へ

# 序章

巨大都市の東京は日々、ダイナミックな変化を続けている。

二〇一二（平成二四）年三月。広大な埋立地の「夢の島」を抜けて、黒色のオフロード4WD車で東京港臨海道路を走っていく。右手にグレーの新木場の木材埠頭が見え、左手には緑色の若洲ゴルフリンクスが細長く続いている。

遠くに東京の新名所となった恐竜のごとき、巨大な「東京ゲートブリッジ」が伸びている。にび色の東京湾を眼下にし、シルバー色の鉄骨の橋を車でゆるゆると上る。ざっと二六〇〇《メートル》、レインボーブリッジの二倍の長さという威容である。はるか彼方にはシュールな東京スカイツリーがそびえ、近場を見下ろせば、殺風景な「中央防波堤埋立地」が広がっていた。

ここは東京都民には知られざる人工島だった。東京ゲートブリッジを背にすれば、進行方向の右側、つまり北側、道路の有明側が中央防波堤内側埋立地で、埋立面積が七八《ヘクタール》である。

「一《ヘクタール》」とは一〇〇《アール》、すなわち一〇〇《メートル》×一〇〇《メートル》の一万平方《メートル》。ラグビーやサッカーのフィールドのざっと二倍の広さをイメージすればいい。

中央防波堤内側埋立地はざっと東京ドームの敷地の一六倍の広さとなる。不燃ごみ処理センター、ごみ焼却場、下水道局などがあり、二〇一六年東京五輪パラリンピック招致計画のひとつだった建築家安藤忠雄の「海の森プロジェクト」キャンペーンの「海の森」が無残な姿で残っている。植樹された高い木が枯れてぽつぽつと立っているのだ。

再び、ここは二〇二〇年東京五輪パラリンピック招致の会場予定地となった。立候補ファイルによると、中央防波堤埋立地を「海の森エリア」と称し、カヌー、マウンテンバイク、馬術（クロスカントリー）、ボートの競技場が建設されることになっている。競技場予定地の地図では、埋立地のおよそ三分の一を使う計画のようだ。

埋立地には、「東京風ぐるま」で知られる白色の風力発電「東京臨海風力発電所」もある。風ぐるまが春風にゆるゆる回る姿は、まるで宮崎駿のアニメ映画『風の谷のナウシカ』のワンシーンを連想させる。

東京ゲートブリッジを背に、人工島の道路の進行方向の左側、つまり南側の外側が「中央防波堤外側埋立地」である。別名「新海面処分場」。面積が東西合わせて二三〇ヘクタール。こちらは東京ドームの五〇倍という広さなのだ。この人工島のほとんどが元はゴミだった。メタンガスが立ち込め、毒性の高い汚水が排出されてもいた。「最終処分場」といわれており、東京都最大のゴミ埋立地となっている。

「まさに腐海だよ」

車の後部座席から、農業経営者の坂本多旦の太い声が飛んできた。腐海とは、『風の谷のナウシカ』に出てくる人類文明の生み出した毒物のたまったエリアだ。

「ここは一二〇〇万人のぜいたくや欲望の捨て場所みたいなものだ。どんどんゴミを捨てて、埋めていく。僕はね、土地が泣いているように感じる。この土を生きた土にして地球に戻したい。その過程に農場をつくったらどうだ」

坂本多旦は農業の改革者である。多旦は「かずあき」と読む。一九四〇（昭和一五）年生まれ。「秘境」と自嘲する中国山地の山奥の山口県山口市阿《あ》東《とう》徳《とく》佐《さ》に「船方総合農場」を設立、農業の第一次産業から加工（二次）や流通販売（三次）も展開する「六次産業化」を掲げ、「船方農場グループ」（みどりの風協同組合）を経営している。グループの年商がざっと十七億円。社団法人・日本農業法人協会の初代会長も務めた。

七二歳となった坂本の顔やからだつきをみると、まぎれもなく農民で、土の匂いを感じさせる。年齢にふさわしく、髪は真っ白。整った目鼻立ちにも、どこか愛嬌がある。語り口は穏やかながらも、話す言葉は迫力がある。

「ここをどうするのだろう。坪ナンボで売って、ビルにでもするのか。でももう、コンクりはいらんよ」

ふと見れば、道路の脇には大型トラックが数珠つなぎに止まっていた。東日本大震災のがれきでも運んできたのか。またゴミをどこからか積んできたのか。不意に、大きな野良猫が目の前を走っていった。

「生きものがいてもいい。猫がいるなら、牛がいてもいいんじゃないの。ぼくらが最初に東京で言ったのは、なんでビルの谷間に牛が遊んどったらいけんのか、ということだった。かつてお台場はテレビ局のビルだけだった。空き地にはフェンスが張ってあった。そこに牛やヤギが放牧されていたら、どれだけよかったことか」

坂本は以前、お台場に牧場を設けることを真剣に考えた。高層マンションの広場に牛や馬がいる。子どもたちが動物と触れ合えば、感性が磨かれる。あるいは野菜や花などの植物を育てれば、土が再生していく。人間と自然の調和が育まれるのだ。

坂本は単なるロマンチストではない。どちらかといえば、ビジネスマン、経営者である。右脳で夢を語り、左脳ではちゃんと収支や利益を計算している。眼下の中央防波堤に農場・農園をつくれば、採算がとれると踏んでいるのだ。

海の森の木はまったく元気がない。カラスがやたらと上空を舞う。羽田空港を離発着する飛行機のごう音も響いてくる。

「ここに土地を造成しても三十年間は使えない。均質でない廃棄物を埋め立てているため、メタンが出たり、一〇メートルぐらい沈下したりもする。落ち着くまで三〇年は放置しないといけない。でも農業だったら、その間、ハウスを建てて施設園芸をやってもいけると思うんだ。それが東京農場なんだ」


東京農場――

坂本が、いつも口にしてきた言葉である。ライフワークといってもいい。

「ゲートブリッジができて、防波堤埋立地にあっという間にいける状況になった。いよいよ環境が整った。みなさんは、よく関東の周縁部に農場をつくればいい、という。でもそれではダメなんだ。東京の都心だからこそ、意味があるんだ」

車の後部座席からツバキがとぶ。振りかえれば、坂本は身を乗り出し、フロントガラスをにらみつけていた。

「東京の都心に東京農場をつくることが、これからの都市づくりのひとつの方向なのだ。コンクリートのビルや人工の建物ばかりの都市に、生きものがいることが大事だと思う。

花や野菜、畜産……。大都市になればなるほど、農場は必要ではないのか」

坂本は過去、何度か政府や東京都庁に働きかけてきた。でも構想はとんと前に進まない。縦割り行政の弊害か、構想が壮大すぎるのか。

「東京は大きすぎて我々には想像がつかない世界なのだ。やはり都民が動くことが大きな一歩だと思う。東京農場が知られて、都民が動けば、都庁も動き、東京農場が動くことになるのではないか」

ただ経済性で見たら、農園にしても広い面積を使う割にはもうけが少ないだろう。「でも」と坂本は言うのだ。

「そこには人間が生きている。人間の視点で考えてみてほしい。地震の避難場所としても活用できるかもしれない。ライフ、いのちという視点でみてほしいのだ」

つまりは坂本が唱える「生命総合産業」としての農業の確立ということである。いのちをどう守るのか。東日本大震災を持ち出すまでもなく、人々は日々の生活でいのちの大切さを実感している。

「東京が素晴らしいと思うのは、東京が人の命を大事にしてきたことだ。だから人が集まってきた。万が一、東京に直下型の地震が起きたらどうなるのだ。ビルがバーっと倒れた時、火災が起きたりするだろう。農場には火が届きにくい。熱風が届かない。だから、震災の避難場所にもなる。都心が危ない時、橋やトンネルで夢の島に逃げ込めばいい」

東京はほんとうに人のいのちを大事にしてきたのだろうか。地球にやさしい街づくりの東京と言えるのだろうか。もう、このあたりでコンクリート、アスファルトの街というイメージを変えてもいい。いのちを大切にする街が明日の東京なのだ。

日本の農業、農村はどうなるのか。はっきりしているのは、農業は変わらなければならないということである。それは都市も同様だ。坂本は東京に来るたび、心が苦しくなる。人々の顔に笑いがない。表情が乾いている。時間に追われまくる生活のため、顔にストレスの色が浮かび上がっている。

東京は日々、拡大してきた。戦後、東京湾岸の風景も劇的に変貌している。ゴミの山が埋立地と化し、ビルがにょきにょきと建っている。

不思議なことが、ひとつある。東京農場構想が生まれて一五年。一歩前に進んでは二歩後退し、二歩前に進んでは一歩後退してきた。が、話を聞けば、なぜ誰もが「実現したい」と口をそろえるのか。

長い沈黙のあと、坂本は話しだした。

「農業は弱くて無知で貧乏です。すべて受け身で、都市側から与えられるものとされてきた。でも東京農場は唯一、農村から都市への提案だし、主張であるからではないか」

だからこそ、東京農場構想は不滅なのだ。農場と消費者の交流の場をつくりたい。自然災害にもそなえたい。農村復興、都市改革、地球再生……。キーワードは人の「いのち（ライフ）」である。

# 第一章　東京農場構想

## 1　東京農場の発想

### 落ち葉がもったいない

東京・皇居のお堀端そばの日比谷「蚕糸会館ビル」の七階に、全国農業会議所の事務所はあった。船方農場グループの代表、坂本多旦《かずあき》は「全国農業法人協会」の設立に向け、上京すると、この事務所に詰めていた。

一九九五（平成七）年の晩秋。協会設立の申請のための書類を両手に持って、坂本は霞が関の農林水産省に向かって歩いていた。法人協会設立のサポート役、農業会議所の経営部次長の中園良行も一緒だった。

途中、日比谷公園を通る。約十六万平方《メートル》もある園内がうんざりするほどの落ち葉に覆われていた。坂本は黄葉のイチョウよりも、黄金色の落葉の方が気になった。

雨上がりの朝だと、田舎の山間部のごとく、草木や葉っぱの湿ったにおいが鼻をつく。

「おい。中園さん。これは田舎だと、いい肥料になるぞ」

「はあ？　肥料ですか」

中園は坂本の単純明快な思考が嫌いではなかった。九州は鹿児島の農家出身。九州大学農学部卒。農業と共に生きてきた。

よくみれば、作業員がせっせと落ち葉をかき集めて、薄いブルーのビニール袋に入れている。これはトラックで焼却場に運ばれて、やがて焼却されることになる。

坂本が質問する。

「もったいない。落ち葉というのは肥料になるから、田舎では貴重品なんだ。だいたい、この公園の落ち葉清掃にどのくらいのカネがかかっとるのか?」

中園が調べたところ、日比谷公園の落ち葉清掃を含めた管理経費の総額は年間六億円ということだった。

「たまげた。東京がお金持ちなのはわかるけど、これはおかしい。もしも……」

そう言って、坂本は続けた。もしも、日比谷公園の近くにハウス園芸の農家がいたら、と。どうしたって日比谷公園と船方農場がオーバーラップするのである。

「園芸農場をつくって、若い人にシクラメンでもやらせてみんさい。落葉樹の落ち葉はすごく有効な肥料になる。白いシクラメンの花が咲けば、きれいでしょ」

坂本は山口県の阿東町（現、山口市阿東）で都会の人々を自ら経営する農場に受け入れてきたから、園芸や農作物、酪農の価値が分かっていた。作物そのものの市場価値だけでなく、都会の人々の喜びに寄与するという付加価値も大きいのである。

「農村の価値って、都会の人ほど莫大だと知るわけですよ。都会の人は農村に来て、〝癒される〟と言うんだ。東京も、おカネをかけて公園を守るなら、そこに農園みたいなエリアを造ってしまえばいい。はっきりいえば、公園の一部を農場にしたらいい」

すなわち、発想の転換なのである。これまでは都会の便利さを田舎に持ち込もうとしてきたけれど、そろそろ農場の自然の循環や生命力を都会に吹き込むことはできまいか。

## 全国農業法人協会設立

坂本は日比谷公園を通るたび、同じようなことを考えた。「もったいない」と。そのことを、農林水産省の幹部に伝えたこともある。

もっとも、坂本たちの農林水産省詣での目的は「全国農業法人協会」の設立を認知させるためだった。坂本は一九六九（昭和四四）年、山口県阿東町で法人経営による「船方農場」を始めた。

もともと日本の農業は家族経営による小規模、高コストという特性があり、多くの品目において単純な価格面だけでは国際競争に勝つことは困難だった。その中でどう農業を発展させていくのか。若い人が次々と農村を離れ、農業の担い手が減り始めている状況を打破できないのか。その対策のひとつが、農業経営の法人化だった。

「法人」とは、読んで字のごとく、法律上の権利義務の主体となることができる「人」、あるいは集団である。坂本が説明する。

「ふつう農業イコール家族、イコール相続という中で、地域に関係ない人もきて、農地を所有し、関与するためには、法人となるしかないのだ。もし農業法人となれば、〝農業をやりたい人はおいでよ〟と言うことができる。頑張ったら株を与えて、経営者にだってなっていける」

もちろん、法人となれば、労働基準法などの法律を守らなければならない。法人として農業をやろうとすれば、さまざまな壁にもぶつかることになっていく。問題の共有化、情報交換も必要になってきた。

なぜ全国法人協会をつくることになったのか。中園が別の視点から言う。

「なぜかといえば、〝ステータスだよ〟とみなさんが、おっしゃった。なぜ家族経営を重視する農協（JA）から異端視されてきた農業法人のグループをつくるかといえば、新しい農業者の地位の向上につながるからだということです。だから社団法人、公的に認められた団体にしようということだったのです。政策提案とかもやったりして、農業をやっている人を、社会的な位置付けも日本の国の中できちんとあるべきだと訴えたかったのです」

坂本は一九九五（平成七）年二月、山口県農業法人協会会長となった。坂本は中園と、全国各地の有力な農業法人を回って、全国組織の必要性を訴えていった。当時は全国にざっと六千ほどの農業法人があった。全国の販売農家二三〇万戸に比べればごく少数だけれど、数は着実に増えていた。

声かけに集まったのが、一五〇〇人を超えた。二人で各地に飛んで行く。一度でダメなら、二度、三度と足を運んだ。粘り強く、分かってもらえるまで、話を続けた。

一九九六（平成八）年八月八日。漢字とすれば、末広がりの縁起のいい「トリプル八」の日、「全国農業法人協会」が任意組織として設立された。都道府県段階での農業法人組織の会員をベースとし、初代会長には坂本が就任した。「日本の農業、農村を残し、発展させよう」という考えが坂本の背骨を貫いている。

農林水産省からの後押しを受け、全国農業協同組合連合会（全農）の関係者も理事に入った。農業経営の形態が違うのだから、それぞれにあった組織がいるのだ。農業界の「セ・リーグ、パ・リーグ論」を坂本が披歴する。

「日本の農業は大きく変化し始めた。家族経営の専業農家、兼業農家から、船方農場みたいな法人農家、大規模農家まで、いろんなカタチがある。ここまで構造が変動すれば、一つの組織で束ねるのは無理なんだ。プロ野球にセ・リーグ、パ・リーグがあるように、いくつかのグループに分かれる必要がある。プロ野球だけでなく、Ｊリーグみたいな別グループができたっていいかもしれない」

## 東京農場開発研究会立ち上げ

麹町の東条会館で設立の記念パーティーが開かれた。全国の農業法人や農業団体、農林水産省の関係者ら三〇〇人が集まった。あいさつのあとの乾杯。坂本は声を張り上げた。

「さあ、やりましょう」

何をやるのか。意見交換や情報交換の場とするだけでは意味がない。やがて「勉強会だけでなく、社会的に認知された団体として発展すべき」というコンセンサスができあがる。

坂本は山口から東京に出てくる時は、車で二時間をかけて山口宇部空港まで出て、飛行機で羽田空港まで飛んだ。離着陸する際、時々、飛行機の窓から東京湾岸の巨大な中央防波堤が目に入った。聞けば、元は膨大なゴミの山という。

ここでもまた、「もったいない精神」が頭をもたげる。

「落ち葉もだけど、生ゴミももったいないのだ。とにかく日本は使い捨てばかり。使って消費して、捨てて、経済を活性化させてきた。でも、そんなのいつまで続くのか。いっそのこと、船方総合農場みたいな大きな農場を東京につくったらどうなんだ」

坂本は阿東に戻ると、その資料づくりにとりかかった。

「東京農場構想」は、全国農業法人協会の活動方針と合致しているのである。やがて「東京農場開発研究会」が立ち上げられた。

## 2　東京農場開発研究会

### 研究会発足

「まるで七人のサムライだった」

全国農業法人協会の初代会長となった坂本多旦《かずあき》はそう、漏らす。何のことかといえば、農業法人協会の理事会で「東京農場」のアイデアを話した上で「東京農場開発研究会」の会員を募集したら、すぐ六人の農業法人経営者が集まってきたのだ。

名前が研究会でも、単なる勉強会ではない。検討に入るからには実現するぞ、という覚悟と信念が必要だった。研究会の定款もつくった。入会金が五十万円、年会費は十万円とした。当面の活動費として、ひとりから三十万円を拠出してもらった。トータル二百十万円を活動資金にあてた。あくまで自主的な研究会という位置付けのため、事務は船方農場の事務方がやることにした。

東京農場開発研究会の構成メンバーは次の七人となった。

○大森畜産・東京都府中市・代表取締役　大森斎（専門分野・グランドカバー）
○旭愛農生産組合・千葉県旭市・組合長　大松秀雄（野菜、コメ、卵）
○船方総合農場・山口県阿武郡阿東町（現、山口市阿東）・代表取締役　坂本多旦（酪農、肉牛、鉢花、コメ）
○柴田園芸・福岡県糸島郡志摩町（現、糸島市志摩）・代表取締役　柴田成人（花・ラン、

バイオ）
○はざま・宮崎県都城市・代表取締役　間和輝（豚、肉用牛、野菜）
○アグリコ・長野県駒ヶ根市・組合長　福原俊秀（きのこ、バイオ）
○米口グリーンナーセリー・兵庫県赤穂市・代表取締役　米口守（花壇苗、ポプリ）

東京農場開発研究会の第一回会合は一九九七（平成九）年八月二六日に開催された。それぞれが農業法人経営を成功させた男ばかりだった。場所が蚕糸会館七階の全国農業法人協会事務所。コーヒーを飲みながら、ざっと三時間、議論は白熱した。

事務方の中園が楽しそうに思い出す。

「東京農場構想というのは、田舎の農村が東京にけんかを吹っ掛けるイメージがあるんです。スカッとする」

これまで農業とは弱い職業だった。国から何かを与えられるばかりで、それを期待して生きてきた。米価を引き上げてください。補助金をくださいい、と。だが、この東京農場は農業界からの大都市への提案なのである。これまで受け身だった農業界が東京にモノ申す、画期的なプランなのだ。「それがうれしかったわけです」と、中園は小さい声で笑った。

「すごく夢を語る場だった。お互いが腹に持っている、これからやりたいという夢を語る場だったのです。わたしはほとんど聞いているだけでしたけど、楽しいというか、ワクワクする研究会でした」

## ゴミ捨て場を視察

一九九七（平成九）年一〇月一四日。東京農場開発研究会の第二回会合が開かれ、候補地探しとして「東京湾岸の研究」がなされた。改めて「最有力候補は中央防波堤埋立地」であることが確認された。

一一月二七日。東京農場開発研究会の第三回会合に先立ち、午前、メンバーで中央防波堤埋立地を視察した。百聞は一見にしかず、である。

東京ゲートブリッジもない時代。一般の人は埋立地には入れなかった。だが、メンバーのつてを頼り、東京都の許可を得て、東京農場開発研究会の七人のメンバーを含む一五人ほどがマイクロバスで海底トンネルから埋立地に入った。

防波堤の内側（東京湾の陸地に近い北側）には「海の森」がひろがる。二基の風車を備えた東京臨海風力発電所、ガス有効利用施設もあった。

お目当ての外側の中央防波堤外側埋立処分場へ回ると、風景は一変する。不燃物のゴミの山、粗大ゴミの粉砕などの処理が十分に行われておらず、冷蔵庫やタンス、テレビ、電化製品などがそのまま転がっていた。

ゴミからはメタンなどの可燃性ガスが発生しているから、「タバコは吸うな」ときつく注意された。残飯、ゴミ袋がそのままの形で転がっている。トラックのコンテナから出てきたゴミの上にはカモメやカラスが群れていた。吐き気を催させる生ゴミの腐臭が鼻をつく。

「悲惨な光景だった」

そう、坂本は回想する。

「でも、わしらに任せてみい。ぜんぶ、ちゃんとしちゃる。ダイオキシンを吸い上げるクリーン植物もある。例えばトウモロコシだって、汚ない成分をものすごく収奪してくれる。このゴミ捨て場はほんとうに土地が死んでいるんだから、農業なら生かされることになる。ほかのもんじゃ、うまく生かされないだろう、という話だよ」

実際、ゴミの山を歩いた。なぜかスイカが生えていた。メロンも育っていた。

「おい、だれが食べてみるか」

坂本が声をかけたけれど、だれもしり込みして食べようとしない。そりゃそうだ。坂本でも食べる気は起きない。やはりゴミの山の農作物だと、食料としてちょっと問題があろう。では園芸ということになるのか。

坂本はその後、船方農場のグループのひとつとして、山口県の山陽小野田市の臨海部に「花の海」という大規模園芸農場を経営することになる。

「夢の島」という場所は、元は東京湾岸のゴミ処分場である。一九五七（昭和三二）～六七（昭和四二）年に埋め立てられた場所には「夢の島公園」が開園した。その後、若洲地区、中央防波堤内側埋立地、中央防波堤埋立地とゴミ埋立地がどんどん拡大している。

「結構早く埋め立てた部分なら、十分に活用できる。ゴミの中に菜種やコスモスを蒔いて、園芸農場にしたらいいという話だった。内側埋立地の〝海の森〟あたりなら農場でもいける。たぶん、飛行機から見たら、そりゃもう、きれいな花の海になるだろう」

その視察の夜、東京農場開発研究会で手順を打ち合わせる。坂本は中園らと連れだって、中央防波堤埋立地の農場化に向けて動き出した。だいたい埋立地はどこに帰属するのか。東京都の港湾局に乗り込んだ。

坂本が説明する。

「東京都港湾局にいって、担当者にこういう計画があるとプランを提出するわけだ。そうしたら、うちはそこ（中央防波堤埋立地）はゴミを捨てて、土地をつくって、経済的な価値をつくって東京都の収入にするんだ、という話だった。だから、うちのところは農地にはできませんって。早い話がダメといわれたわけだ」

でも坂本たちはあきらめなかった。何度も東京都港湾局に通った。局長にも面会した。東京都庁の農林水産部にも相談にいった。

中園がぼそっと漏らす。

「坂本さんはねちっこいですから。なんべんいっても同じですけど、攻めどころを変えて何度もいくのです」

**東京農場開発構想**

年が変わる。

一九九八（平成一〇）年二月二七日。東京農場開発研究会は、東京都港湾局の計画部長に面会する。正式に「東京農場」の開発提案書を提出した。

その後、坂本は東京にくるたび、活発に動いた。前年の九月、当時の橋本内閣のもとで、首相の諮問機関として発足した「食料・農業・農村基本問題調査会」の委員となったこともあり、ネットワークや支援者が広がっていく。

三月一〇日。経済企画庁（当時）に行き、糠谷真平事務次官に面会し、東京農場構想を説明する。翌一一日には、東京都若手職員の「都市農業開発研究会」にて同構想を説明した。

三月二六日。自治省（現、総務省）に行き、松本英昭事務次官に面会。「東京農場開発構想」を説明する。

だが東京都港湾局の態度は変わらない。とうとう中央防波堤埋立地の農場化の交渉は暗礁に乗り上げたかのようだった。

## 3　総理直訴

### 東京農場構想発表

坂本多旦は、「食料・農業・農村基本問題調査会」や全国農業法人協会の会合で上京するたび、空いた時間を活用し、「東京農場構想」のため、中園良行らと一緒になって、東京都庁などの関係部署を回っていた。

年明けの一九九九（平成一一）年。一月の第九回東京農場開発研究会では、「ＰＦＩの活用」について議論した。

ＰＦＩとは「プライベート・ファイナンス・イニシアチブ」の略である。民間の資金と経営能力・技術力（ノウハウ）を活用し、公共施設等の設計・建設・改修・更新や維持管理・運営を行う公共事業の手法を指し、日本ではこの年の七月に「ＰＦＩ法（民間資金等の活用による公共施設等の整備等の促進に関する法律）」が施行されることになっていた。

これを何とか東京農場に活用できないかという目論みだった。坂本が説明する。

「ＰＦＩでも提案させてもらった。企画が好きなんだ。ねちねちとやるのが。なんでかわからん。ねちねちと数字を拾って、いやらしいほど根気強く積み上げていく」

この企画力と行動力が坂本の魅力でもある。

「ぼくが東京農場にこだわったのは、ほんとうは東京都民にゴミの山を見せたかったんだ。東京の陰の一面を考えてもらいたかった。農業は単純ではない。人間や自然なら、それは仕方のないことなんだ。一プラス一が二となる産業と違って、農業はある時は一プラスー一がゼロになる。ある時は一プラス一が三にも四にもなる。矛盾がある。でも夢もある。それを都民に知ってもらいたかったんだ」

坂本は三月二三日、東京・大手町の日経ホールで開かれた「ＰＦＩアイデアシンポジウム」（経済企画庁主催）で五団体のひとつとして、「東京農場」を発表した。聴衆の手ごたえはよかった。

もっとも農林水産省や東京都庁の幹部に「東京農場構想」を説明していくのだが、「オモシロイ」と言われても、いざ実現しようとなると、だれもが躊躇する。

もう「東京農場構想」はそろそろ熟成庫に入れるか、と坂本は弱音を吐いたことがある。

「まだ時代じゃないのかな、と考えた。どうすればいいのか。しばらく熟成庫にこの構想を入れておいて、十年後、二十年後に再挑戦したらどうだろう。あるいはトップダウンで決めてもらうしかないのかな……」

万事休す。そんな時、坂本は中園とラストチャンスとばかり、首相〝直訴〟に打って出たのである。

## 小渕首相直訴事件

いわゆる〝東京農場直訴事件〟が起きたのは一九九九（平成一一）年八月二三日だった。うだるような暑さの真夏日。内閣総理大臣の諮問機関である経済審議会（当時）の懇親会が開かれた。小渕恵三首相ほか、経済審議会会長の豊田章一郎らそうそうたる経済界のトップが出席した。

経済審議会特別委員だった坂本多旦も参加する。懇親会の前夜、小渕首相が出席すると聞き、坂本は中園良行と「直訴計画」を話し合った。

坂本が言う。

「こうなったら、最後は時の総理の小渕さんに東京農場構想の企画書を渡そうと考えたんだ。企画にどれくらいの価値があるか、試したかった。もしも首相が懇親会で我々の前を通れば企画書を渡す、来なければ仕方ないからあきらめる。まあ、運だよ。そう考えた。〝やるぞ、やるか〟って言ったら、中園さんも〝やりましょう〟って」

中園のアドバイスを受け、東京農場の企画書は二部、コピーした。ページにして十枚程度。薄茶色のA四判サイズの封筒にいれて、懐に忍ばせた。

さて懇親会がはじまる。小渕首相は予定通り、やってきた。いつになく上機嫌だった。

じつは二日前の全国高校野球選手権大会（甲子園）の決勝戦で地元群馬の桐生第一高校が岡山理科大学附属高校に大勝し、群馬県勢初の全国制覇をなしとげたばかりだったからである。

坂本は冗談口調で漏らす。

「直訴だから。時が時なら、打ち首獄門だよ。ははは。ふたりで会場の隅っこに立って、目の前に来たら渡す、とずっと緊張していた。もちろん、わざわざ、会場の真ん中に出ていくわけにはいかない」

懇親会も終わりに近づいた頃だった。小渕首相がテーブルの間を笑顔で歩き始めた。出席者と気軽にあいさつを交わし、時には立ち止まって、会話に興じる。くるか、くるか。きた。きた。ついにきた。小渕首相が、坂本と中園のふたりの近くまできたのである。

中園が言う。

「やっぱり、坂本さんは運がある、そう思った。きても、受け取らないかもしれない。東京農場がどう受け取られるか。それを試す。それだけでした、気持ちは」

桐生第一高校の優勝、おめでとうございます。そう言いながら、坂本は唐突に小渕首相に近寄っていった。自己紹介し、名刺を渡す。中園もつづいた。

小渕首相は愛想笑いを浮かべながら、名刺の名前も見ずに上着のポケットに入れた。そのまま、歩いていこうとした。

唐突に、坂本は言った。

「首相、ちょっといいでしょうか」

「なんだ」

首相警護のSPが三人、ぱっと動いた。首相と坂本たちの間に入ろうとした。坂本、構わずに言葉を加えた。

「ぼくら、東京農場という構想を持っているんですが。どうでしょうか」

「なに、なに。もう一回、言ってみい」

「東京農場です」

小渕首相は立ち止まり、SPを右手で制し、ポケットから名刺を取り出して、名前を確認した。坂本多旦《かずあき》。何者だ。

「総理。東京農場です」

小渕首相は小さく笑いながら、坂本の名詞に黒ペンで「東京農場」と走り書きした。

「これはどこの所管か」

「農林水産省です。農林水産省には相談しています」

「ほう、高木のところか」

高木とは農林水産省の高木勇樹事務次官だった。不穏な雰囲気にＳＰの表情が険しくなっていく。懇親会に居合わせた経済企画庁の糠谷真平事務次官が慌てふためいて駆け寄ってきた。

「坂本さん、なんだ。何があったんだ」

糠谷事務次官が困った顔をしながらも、坂本を小渕首相に紹介する。

「首相。この男は信用できます。この男は大丈夫ですから」

糠谷事務次官は以前から、坂本の真摯《しんし》な姿勢に好感を抱いていた。

小渕首相が口をひらく。

「東京農場ってナンダ？」

「東京に農場をつくるのです。東京湾岸のゴミ捨て場に農場つくったら、都民は喜ぶと思います。ここに企画書があります」

「ん、わかった。わかった」

坂本が懐から資料を取り出して、小渕首相に手渡した。小渕首相はそれを秘書官に手渡し、坂本の名刺の横にちょこちょことペンを走らせた。何かをメモした。

直訴は十分に及んだ。小渕首相の人柄もあろうが、この類の懇親会でそれまで一面識もない人物が首相に〝直訴〟したら、あとで礼儀知らずだと大目玉を食らっただろう。一般の人であっても、農林水産省に理解者がいなければ、とんでもないことになっていたに違いない。

「坂本さん以外だったら、たぶん怒られたでしょう」

そう笑いながら、事の一部始終をそばで見ていた中園が言う。

「やっぱり東京農場は光ったんです。構想だけでなく、東京農場という言葉そのものにもいい響きがあるのではないでしょうか。ツキもあったけれど、言葉にも説得力があった。だから、小渕首相がご関心を抱いてくれたのです。坂本さんというすごい農場を持って、構想力のある方が、東京農場というツールを持って、こう、いわば夢に挑戦されているわけです。わたしなんか、ちっちゃい存在ですけれど、坂本さんの周りにはすごい人たちが集まってくる。経済企画庁から農林水産省、東京都……。それだけの魅力のある東京農場であり、坂本さんなんです」

夜の八時頃だった。

小渕首相への直訴が終わるや、坂本と中園は懇親会を抜けだし、農林水産省に走っていった。中園の顔があるから、農林水産省の建物の中にも入っていけた。小渕首相が対応してくれたのだから、あとで秘書官を通じて、農林水産省に「東京農場」の問い合わせがいくだろう。中園はそう、予想していた。だから、もう一部、企画書のコピーを準備していたのだ。

農林水産省には、運よく、大臣官房企画室長がいた。資料を手渡しながら、坂本が高揚した口調で説明した。

「いま、小渕首相に東京農場を直訴してきました。これが、その資料です」

企画室長はもう、あきれるしかなかった。ただ部屋のキャビネットをよく見れば、背表紙に赤字で「東京農場」と書かれたブルーのファイルが収まっていた。これまで坂本が農林水産省幹部に出した資料の束である。

## 構想、熟成庫入り

あの情熱はなんだったのだろう。

坂本は思い出す。

「今、思うのは、企画はいろいろあるわけだ。でも、農業者が、大都市東京のゴミ捨て場に農場をつくろうというのはそれまでの概念にはなかったんじゃないか。東京で農場といえば、そりゃ、八王子のあたりや千葉とか埼玉とか、周りにはあっただろう。都市の中心部にはなかったんだ。そこにつくる。壮大なチャレンジなんだ」

横で中園がウンウンとうなずく。

「おっしゃる通りです。変な言い方ですけれど、実現しなくてもいいんです。さわやかさが残るのです」

坂本がしみじみと言う。

「いやいや。そう言っちゃおしまいだけど、東京農場って、簡単に実現するわけがないんだから。ただ……。ただね。ぼくには現実に船方農場という実体験のサンプルがあるわけだ。ぼくは本気だった。小渕さんはご存じなかったけれど、事務次官や農林水産省、経済企画庁の人たちも、うちの農場を歩いてもらっている。ぼくを、いい加減な、ハッタリ男じゃないということはわかってもらっていたと思う」

時の総理、小渕恵三首相は直訴事件の翌年の二〇〇〇（平成一二）年五月一四日、病で急逝する。享年六二。もう少し長生きされていたら、「東京農場」の展開も変わっていたかもしれない。これもめぐり合わせである。

坂本はその後も、政府関係の委員をいくつか務める。食料・農業・農村基本問題調査会委員のほか、経済審議会特別委員、農林省の農業生産法人検討会委員……。

一九九九（平成一一）年一一月五日、任意組織の全国農業法人協会は、農林水産省の認可を受け、社団法人の日本農業法人協会となった。坂本はその初代会長に就任した。

二〇〇一（平成一三）年一月一七日、最後となる東京農場開発研究会の定例会が開催された。十五回目を数えていた。

東京には雪が降った。すこぶる寒い日だった。坂本は研究会で「活動休止」を採択する。活動はきちんと文書にまとめ、経費の清算をすると資金が余っていたので、ひとりに四万五千円ずつ、戻すことになった。

なぜ、東京農場はとん挫したのか。そう問えば、坂本は即答した。

「それはもう、簡単だよ。みんなのそれまでの頭の中には、そんな概念がなかったんだ。だから、時間がかかると思った。そりゃ時代が変われば、東京農場構想が動いていくだろうという予感はあった。いのちを大事にするこの構想は絶対、必要だから。わたしは東京を卒業した。でも五十年、百年先には動いていくだろうなあ、との予感があったんだ」

同じ質問を中園に投げる。こちらはしばし、考え込んだ。

「やっぱり〝天・地・人〟がそろってなかったんでしょ。ちょっと時期が早かったかな、と思います。いろんな人が、いい構想だな、と言ってはくれたんですけど、全体の理解からいくと、ちょっと早かったんです。まあ、早いくらいがよかったんですけど」

東京農場構想はいったん、「熟成庫」に保管されることになった。

## 4　いのちと生命総合産業

### 生命総合産業

「いのち」と「生命総合産業」——

坂本がよく口にする言葉である。

「いのち」とは、地球上の生きるもの、生まれ・育ち・熟し・老い・死ぬ、そのすべてのステージを含んだものである。

農業とは、坂本にとって、生活を営むために必要とする、おカネを得るための業《なりわい》である。坂本が言う。

「そのために、生き物である牛や米や野菜から多くのいのちをいただいてきた。彼らは黙って身をささげてくれた。そういう営みの中で、人類が発展し繁栄してきたことを忘れてはならない。私は、農業を営む中で多くのことを教えられてきた。農場で遊びたいという都市の子どもたちに背中を押され農場を開放した。イベントで子どもたちに乳しぼり体験をしてもらうと、多くの子供たちがオッパイの暖かさに驚き、〝おじちゃん、お乳は温かいね〟と驚く。さわり方が悪く後ろ足でちょこんと蹴られ、またびっくり……」

じつは牛の目は直径が十円玉の三倍の五～六センチもあって、キレイなまん丸である。マツゲだって三～四センチはある。見つめられるとつい吸い込まれそうになる。

「街から来た幼稚園の男の子が、つぶやくように〝おじちゃん、お肉にするために殺すの、かわいそうだな〟と言うのだ。私はこの質問にどう答えればいいのか、悩んだ。また、若いお母さんが家族で牧場にやってきて広々とした牧草地や隣接する水田や山林の木々の間から流れ出る緑色のそよ風を全身にうけ、〝癒される〟と喜んでくれる。行政は、農業の多面的機能をダムの価値、環境の価値と表現するが、もっともっと奥が深く、私にとって農業とは、生きることすべてにつながる〝業〟じゃないのか」

そんな坂本の農業観から「生命総合産業」という造語が生みだされた。

「私が五十三年間、農村で農業を営み、農業が教えて与えてくれたものが、〝生命総合産業〟ということだった。終戦を五歳で迎えた私は、食べるものをつくるのが農業であると昭和六〇年頃まで思い込み、食料を一生懸命に生産しては街に送り届けてきた。しかし、円高が続き、世界との価格競争に負けた。その時、船方総合農場をつぶすべきか、維持すべきか、決断の時に、私に生きる道、すなわちいのちの道を教えてくれたのが、町から来た子どもたちだった」

「目を輝かせ、はだしで草地を走り回り、〝おじちゃん、今日は楽しかった。また来るからね〟と言って都会に帰っていく子どもらの姿を見て、農業に、農村に生きるための仕事は沢山あることを教えられた」

「原乳や玄米を生産し、食品にするだけでなく、農場でも食べていただく、なんと楽しいことではないか。農業、農村を食料の生産の場としてのみ活かすのではなく、加工し販売し、癒しや病気の免疫をつける場にして貢献できればこんなにうれしいことはない」

「すなわち農村とは、農業の基本である経済的な機能と、生きるという充足感、癒し、免疫など公益的機能が存在する場所だったのだ」

## わたしは牛になりたい

人間は決して、地球で最強ではない。自然に対してごう慢になれば、もっと謙虚になれ、と反省を求められる。教訓を得る試練は何度もあった。

坂本は思い出す。一九八〇（昭和五五）年の夏、日本列島は冷夏長雨となり、牛も米も野菜も果樹も被害を受けた。その時の苦しみの中での想いを、一九八一（昭和五六）年三月に農業団体の機関紙に「わたしの理念～わたしは牛になりたい」という一文として寄稿した。少し長いけれど、全文を引用する。

一九八〇年の冷夏は我々農業者が想像もしなかった厳しい反省を促される年となった。あの不順な気候の中、地域複合による稲ワラ粗飼料基盤は船方農場の四百五十頭もの牛の胃袋をなんとか支えてくれた事を考える時、その経済性の大きさにあらためて我々が選んだ地域複合経営の強さを感じずにはいられない。

船方農場の歩んで来た道は農業が好きな青年に参加してもらい、労働基準法に近づくために組織的に農業を組み立て地域の理解のもとに助け合う地域複合経営の道であった。これぞ日本農産物のコストダウンにつながる西日本農業の真髄であると信じている。〔勘の農業〕から〔記録データ〕を大切にする時代にと変貌する中、やはり生物をあつかう農業にとって「人」であり「技」である。牛は機械ではないと知らされた時、人間と牛が共存共栄の中で織り成す「愛」と「戦」のドラマでもある。

この「愛情」という計りうることが出来ない「技」を身につけ、システム農業の中でどう生かすかが、これからの農業者に与えられた課題ではあるまいか。

「人」生き物を支配する時、技なくば「牛」に見放され、技を研けば「牛」の大きさに気付いて己の小さきにおののき、共存共栄の中に活路を求めんとする。脳なき生き物ほど純粋で妥協などあり得ない。

「人」己れも生き物である事に気付き、純粋に接すれば愛が生まれ、裏切りもなければ、嘘もない。魅力ある世界に引き込まれ、いつか「己」が支配されていることに気付いて悩む。この悩みを抜け出てこそ、親父は私を一人前の百姓と認めてくれることだろう。

〝私は牛になりたい〟。私は今、「人生」のど真ん中を生きていることを味わう時、私の心の中を爽やかな風が吹き、幸せが満ち溢れてくる。私に、この貴重な体験のチャンスを与えてくれた同士諸君と関係機関、地域のご協力に対して改めて感謝せずにはいられない。

## 都市と農村のコラボ

坂本にとって、日本のあるべき姿は〝定住再生産〟である。人間が増えてきたからといって、これまでのように新天地のような移住していくところもない。新たな国をつくるなんてできるはずがない。ということは、いまいる大地を大事にしながら、みんなで生きていくしかないのである。この大地と海でどう生きていくのか。そう考えなくてはならない。

一九九九（平成一一）年夏。日本経済団体連合会（経団連）の農業政策提言部会に招かれ、坂本は意見を聞かれたことがある。

はっきり言った。

「あなた達が世界に冠たる大企業になれたのは、〝無駄な裁判が無い〟〝テロが無い〟〝ロックアウトが無い〟、これによって、コストがかからなくなったからではないでしょうか。そして、社員が社長と同じ情熱をもって仕事をするからではないでしょうか」

坂本から見ると、東京というところは「人のいのちを一番大切にしている場所」に映る。だから、人が集まってくるのだろうな、と想像する。ただ、東京では、人以外の花や作物などの命には冷たすぎる、とつぶやく。

山口から東京に出て来ると、なぜ人にこれほど気を遣わなければならないのか、と感じてしまう。地下鉄のエスカレーターで立ち止まっていると、背中を押される。電車でくしゃみをすれば、周りの人から冷ややかな視線を投げつけられる。うっかり歩いていると、ぶつかったり、跳ね飛ばされそうになったりする。オロオロするのだ。

おそらく、ビルの中の人間社会もドロドロしているだろう。まるで、昔の農村の〝ムラ〟みたいに映る。今の農村は人が少なくなって、みんな、自由を謳歌できるようになってきたのだが。

なぜ、坂本が東京に関心を持つのか。

東京は日本の中枢であり、日本の顔である。政治・経済・情報・文化の中心である。だから、東京にはしっかりしてもらいたい。日本全体のために。

東京は、だれのものか？

果たして都民だけのものか？

東京に関して、農村の人間が発言したらおかしいのだろうか。坂本にとって、「都市」と「農村」は対立したものではないのだ。

**東日本大震災**

二〇一一（平成二三）年三月一一日。

坂本多旦は山口県山口市阿東徳佐の「みどりの風協同組合」の理事長室で机に向かっていた。午後三時頃、いつも白いワイシャツの左胸のポケットに入れて持ち歩いている紺色の携帯電話が突如、鳴りだした。

びくっとした。なぜか、心臓にものが突き刺さったような感じがあった。

最近、歳のせいで着信音を少し大きめにしているためでもあっただろう。携帯を取り出す。発信元は、姉妹会社のシステム生産農場「花の海」の専務、前島昭博だった。

前島からの電話は、ふだんほとんどない。あるとしたら、事業運営上のトラブルで困った時だけである。また何かやっかいな問題が起きたのかなと思いながら、緑色の通話ボタンを押した。

「もしもし」

「社長、ご存じですか。東日本は大事《おおごと》ですよ！」

「何事だ？」

「宮城県沖で大地震が発生しました。すぐテレビを見て下さい！」

坂本は、あわてて部屋にあるテレビのスイッチをつけた。画面が揺れていた。風景が津波にもまれ、一気にくずれていた。大地がこわれ、自動車が、家が、田畑が、うずまき、押し流されている。水煙と土煙がいっしょに舞いあがる。

逃げようとして数珠つなぎになった自動車を後ろから津波が呑み込んでいく。

夢であれ。夢であってくれ、と祈った。だが、現実だった。テレビに向かって思わず叫んだ。

「はやく高台に上がれ！」

「右だ！右だ！」

「逃げろ！」

自宅に帰ってからも、テレビから流れてくる映像を見続けていた。人間は自然の中で生かされているという畏れの気持ちが消えなかった。

唐突に台所から顔を出した、妻の千実《ゆきみ》が声をかけてくる。

「おとうさん、あんまり涙を流したら、向こうに引き込まれますよ」

東日本大震災では約二万もの人が犠牲になった。なぜなのだ。そう坂本は自問してきた。

「日本は地震大国だろう。どこの国よりも経験が多く、災害時に対するソフトもハードも確立されているはずなのに、なぜだと思った。〝千年に一度の大地震なのだ、仕方がない〟と考えながらも、戦後、経済大国日本を築き、豊かさを享受する中で何かを失ったのではないか。つまりいのちへの尊さ、愛や誠実さ、自然への慈しみ……。だから……。そんな畏れを感じたのだ」

たしかに人間は繁栄を謳歌してきた。だが自然や生命に対する敬意が気薄になっているのではないだろうかと感じていた。常に、「いのち」に対する心の反応と、その反応に対応する身体と心の準備ができていれば、助かった人がもっといたのではあるまいか。

坂本はため息をつく。

「今日まで生き物を生み出し、育ててきたのは、この宇宙だ。地球だ。自然だ。常に、変化を繰り返し、時は進んできた。では、地球の時の単位はどれほどなのか？　地球の時の単位は、短くても百年、千年、万年の単位ではないのか。それに比べれば、人間の生涯は、あまりにも短い。千年に一度の大災害に、人間の短かい生涯での小さな経験は通用しなかった。たぶん千年に一度の出来事であっても、五十年、百年経てば、きっと風化させてしまうのだろう」

思考がめぐる。これからどうすればいいのだろうか？　多くの尊いいのちが奪われ、豊かな里が廃墟となった。日本列島は変動期に入ったのか？　これからも西日本で、東京で、大地震が起こるとされている。

いのちを守るためにどうすればいいのか？　この体験を、今生きている我々がどう継承していけばいいのか。

考えれば考えるほど、東京農場構想が再び、頭の中で大きくなっていくのだった。

# 第二章　六次産業・船方総合グループ

## 1　坂本多旦とは

### 農家の長男

その時代は転換期だった。

日本は坂道を転げ落ちるように戦争へと突き進み、一九四〇（昭和一五）年、日本はドイツ、イタリアと「日独伊三国同盟」を締結した。その年の五月二五日、坂本多旦《かずあき》は山口県阿東町《あとうちょう》（現、山口市）徳佐下《とくさしも》で、農家の六人きょうだいの五番目の長男として生まれた。父・吉次郎が四〇歳の時だった。上の四人は姉妹。やっと授けられた男児である。家族農業が常だった当時、父の喜びのほどがよく分かる。生まれた時点で、将来の農業就業が宿命づけられていたようなものだった。

坂本が言う。

「やっと後継ぎが誕生したわけですから。子ども心に、農家を継ぐのはしょうがないと思っていた」

阿東徳佐は山口県の北部、中国山脈の山あいにある農村である。山口市の中心地から国道九号線に乗れば車で一時間、萩市、徳山市からも車で一時間ほどの距離にある。ＪＲ山口線が町の真ん中を走る。車を北に十五分も走らせれば、山陰の小京都、島根県津和野町に到達する。日本海もそう遠くはない。

折り重なった山々が囲む徳佐盆地は標高三五〇メートル。天候は日本海側気候となっており、年間の平均気温が十三度と低い。水も空気もきれいでおコメがおいしく、現在は、観光リンゴ園もにぎわっている。約八〇〇ヘクタルの徳佐盆地には代々引き継がれてきた小規模な農家が多く、当時の阿東町の人口は約二万人を数えた。いまのざっと三倍である。

終戦直後は戦中にもまして物不足の時代で、食料品、日用品がなかなか手に入らなかった。ただ、どこか終戦の解放感にあふれ、多旦は歓声を上げながら野山を走り回っていた。

「ほんと、のどかなところでした。みどりの田んぼがひろびろとしていて……。食い物なんて、ない、ない、ない。ごはんの中には切ったダイコンがはいっていた時代ですよ」

目を閉じると、遠い記憶がよみがえる。坂本が懐かしそうに話す。

「戦後は石けんもなくて……。子どもの時は、わら草履はいて、ぼろぼろのかすりの着物を着て。雨上がりの時に駆けると、ハネ（泥はね）が背中にぴっぴっとついて、おふくろから怒られていた。幼心に、いつか靴を履けるときがくるのかなって、思っていた」

戦争が終わり、敗戦国・日本は急速な復興を遂げる。昨日より今日、今日より明日はよくなる。豊かになる。多旦もそんな期待感にあふれていた。

「どんどん日本が発展していく。社会が変わっていく。おいしいものが食える。そんなイメージがありました。小学生の時には自転車がほしいなって思っていました」

小学校三年生ぐらいから、家の農作業を手伝わされていた。家は一・四ヘクタルの田んぼと和牛二頭を持っていた。稲こぎをすると、稲わらができる。稲わらを冬場の牛の飼料にするため、多旦はキレイに稲わらを干して、小屋に積み重ねていくのだった。

## プロの農家になる

一九六〇（昭和三五）年、坂本多旦は徳佐高校を卒業する。進路をめぐり、父と衝突する。大学の進学は「カネがない」から断念した。ならば、と父に内緒で地元の合板会社の就職試験を受けた。

合格。父の顔なじみの郵便局員が合格通知を持って、家にやってきた。ちょうど田畑作業をしていた父が合格通知を受け取り、「なんだ、これは」と烈火のごとく怒った。

多旦が帰宅すると、右こぶしを振りあげた父に追いかけられた。田んぼのあぜ道を転げながら、逃げ回った。「だめだ。会社に勤めたらロクなことはない。百姓を継げ！」と怒鳴られ続けた。

親族会議が開かれ、結局、多旦が折れた。ちょうど六〇歳の還暦を迎えた父の気持ちもわかるからだった。その代わり、多旦が家のすべてを引き継ぎ、姉も弟も相続放棄することになった。

武田信玄のごとく、一気にのっとった、と坂本は笑う。財産は、田畑一・四ヘクタールと牛が三頭だった。

「そうでないと、農業は経営できない、と言い張ったのです。〝坂本農場〟の誕生です」

そこで合格した会社には一度も出社しないまま、「退職願」を書いた。翌日の朝から、田畑に出た。父と母と一緒に泥だらけになりながら田畑を耕し、牛の世話をした。

つらい日々がつづく。忘れられないシーンがある。暑い夏の日。父は麦わら帽子、母はかすりの着物にもんぺ、手ぬぐいをかぶり、田んぼの草取りをしていた。朝陽がまぶしい。多旦もドロドロになりながら、田んぼに手を突っ込んでいた。腰をのばし、白いタオルで額の汗をぬぐおうとした時だった。

高校の同級生だった友人の背広姿が目に入ってきた。友人は徳佐駅に向かって歩いていた。隣には山口市内の銀行に就職したワンピース姿の女性もいた。なぜか、無性に恥ずかしくなって、多旦は土手の木の陰に隠れたのである。

「レベルの低い男だったたな。農業を不満に思ったことはないけど、恥ずかしいというか……。泥だらけの自分があまりにもみじめになって、隠れてしまった。近くの線路を列車が通れば、自分が見えりゃせんやろか、と心配しては、ぱっと土手の陰に入ったのです。あっちは背広やワンピース。こっちはドロドロの汗だらけ。こりゃ、嫁はこんやろねと思ったもんだ」

やがて多旦は決心する。「プロの農家になる」「専業農家になる」と。むらむらと負けじ魂が頭をもたげてきたのである。

「今に見てろって。このみじめな農業をなんとかせないかん。組織をつくって、若者が喜ぶような農業にしようって。それがなきゃ、もうやれんじゃないですか」

多旦は勉強のため、地元の「4Hクラブ」に入った。4Hクラブとは、よりよい農村、農業をつくるために活動している青少年クラブ組織をいう。4Hは「ヘッド（頭）」「ハート（心）」「ハンズ（手）」「ヘルス（健康）」のアルファベットの四つの頭文字を指す。四つ葉のクローバーをシンボルとする。

一九六一（昭和三六）年、構造政策・生産政策・価格政策を柱とする「農業基本法」が施行された。農業に関する政策の目標を示すために制定された法律だった。

## シクラメン栽培

一九六三（昭和三八）年、坂本多旦は「阿東町4Hクラブ」の会長に就任した。公民館の一室。裸電球の下での農村の青年たちの会合はいつも、にぎやかだった。

冬のある日の会合で、坂本は年下の渡辺勇（故人）から声をかけられた。渡辺は父親が大工で、阿東町徳佐地区の野坂三原に七〇アールの土地を持っていた。母がそこで細々と水稲を栽培していた。

「坂本さん、わしは大工にはなりたくない。農業をやりたいが。一緒にやってくれ」

親分肌の坂本は頼まれると、断れない性分だった。熱意にほだされ、渡辺がひとりで自立経営できるまでのサポートを約束した。最初、カーネーションはどうかな、と考えていた。

そんな時、山口大学農学部に進学していた三歳下の弟の秀雄が帰郷してきた。クリスマス直前だった。真っ白の雪が田畑に積もった中、弟は真っ赤なシクラメンを一鉢抱えていた。そのコントラストが今も瞼に残る。

じつは弟にも自分たちの窮状を伝えていた。山口大学の教授に相談したら、高冷地の特性を生かしたシクラメンの栽培が阿東町にはいいのでは、と教えられたそうだ。

「そうだな、と思った。シクラメンなら七〇アールあれば、十分じゃ。すごく効率的な農業だ。〝冬花の女王〟のシクラメン、これじゃ〜って」

シクラメンの栽培を始めるにあたっては、それなりの資金がいる。坂本も印判を捺して、渡辺のために借金をしてやった。経営の基盤ができるまで、ということで、坂本は自分の田んぼを世話しながら、ビニールハウスのシクラメンの栽培も手伝った。

シクラメンの経営会社を「坂辺園芸」と名付けた。坂本の「坂」と渡辺の「辺」を合わせたのだった。

## 覚悟の血判状

4Hクラブを卒業し、「阿東町農業経営研究会」を設立した。会長となり、十五人ほどで農業経営の勉強をやっていた。その勉強仲間が、シクラメン経営の「仲間に入れてくれ」と言ってきた。集団就職で阿東町から出て行った友人たちなど五人だった。

さらに地元の後輩の農家もひとり、同じようなことを申し出ていた。坂本ほか、合わせて七人となった。

坂本は共同経営を考えた。船方地区の五〇㌶を借り受け、なんとか「船方総合農場」を設立した。うち五㌶に草地と施設をつくり、残りの四五㌶には周りに柵を張り巡らして林間放牧地とした。従来のシクラメン栽培も拡充し、酪農との組み合わせで創業した。

「まず土地を借りることにこだわった。農地を持たない人が農業に参加できることを前提に組織をつくるのなら、法人そのものが土地や財産をもってなきゃ成立しない。どうしたって、それがベースとなるのだから」

坂本は農場スタートに際し、それぞれの覚悟と責任を求めた。甘い考えでは計画はとん挫する。過去の事例の調査と分析に努め、五項目からなる「血判状」を作成した。船方総合農場の歴史に残る血判状である。

一つ。事業の開始時であり、向こう五年間は所得の分配はしないし、要求もできないものとする。

一つ。この農場への参加脱退を自由とする。ただし、脱退者は、脱退時の経営を分析し、当事者に帰する債務等責任額は、一括または分割により清算するものとする。

一つ。参加は個人とし、農場の定める就業規則に従うものとする。個人の資産は持ち込まないことを原則とする。

一つ。出資金は不平等とする。ただし三〇％以上の決定権はだれも持たない、持たせないものとする。

一つ。経営が行き詰まり、負債を整理するときの責任の順位を定める。

もちろん、負債整理の際に責任を負う順番の一番目は「坂本多旦」と書き込まれた。

坂本が血判状を説明する。

「みんな、失敗したら、責任をとれよ。農場の出入りは自由。ただ出るときは自分の借金は全部、返してもらう。逃げだしたら、どこまでも追いかけるぜ。やねこいですよ、ぼくらは」

〝やねこい〟とは、この地方の方言で「しつこい」「頑固」との意味である。この血判状を出したら、二人は参加を辞退した。それはそうだ。むこう五年間、給料はないし、配当もないのだから。

一九六九（昭和四四）年一月。坂本ら五人で「船方総合農場」がついに船出した。従来の村のやり方とは違う、大規模農場を目指すのである。まず船方地区の町から借りた五十㌶に酪農事業を展開する。従来のシクラメン栽培を拡大し、乳牛の飼育と合体させた。

創業当時のキャッチフレーズが「花とミルクの里づくり」である。

## 2　法人農場、始動

### 船方総合農場の船出

坂本多旦にとって、キーとなるナンバーは「五」である。誕生日が一九四〇（昭和一五）年の五月二五日と「五」が並ぶ。船方農場の共同経営も「五カ年計画」を積み重ねた。

坂本が笑う。

「五にとことんこだわる人生だ。五年、一〇年と考える。まあ、ゴカイのゴでもあるけど。誤解を招く人生だよ」

真顔に変わる。

「農業だって、右手にソロバン、左手にロマンを持たないとやっていけない。成功のポイントはデータを持つことだった。数字を持つこと。毎月試算を出して、数字をしっかり押さえていくこと。そりゃ、五年先まで正確に見通せないけれど、一応、概算で見越しておかなければいけない。それを現実の一カ月、一年に直して、その都度、チェックしていく。もし世の中が変わるかな、と思ったら、修正し、長期展望を立て直すのだ」

一九六九（昭和四四）年、五人の構成員で「船方総合農場」の共同経営を開始する際、「第一次五カ年計画」をつくった。農業政策を最大限活用することとし、「借地」「借金」「補助金」の三つを組み合わせながら運営していくこととなった。

志は高かった。「農業でメシを食うこと」「サラリーマン農業」「ジーパン百姓」を実現する。規模拡大により国際社会に通用するコストダウンを果たすことを旗印に掲げた。

坂本が言う。

「新しい方法に取り組んでいったのも、〝日本の農業、農村を残そう〟というのが我々の背骨だったのです」

相変わらず、父の反対は受けていた。理解してもらえなかった。父にとって、日本の農業というのは、農業イコール家業である。共同経営など許されない。一緒にコップ酒を飲むと、よく言われた。「法人はやめろ」「おまえの百姓は間違っとる。百姓というのは、朝は朝星、夜は夜星だ」と。

坂本が苦笑しながら説明する。

「農業は厳しく、農家は勤勉だということです。一生懸命、家族で働かないといけない。それこそ、朝は朝星をみながら田畑に入り、夜も星をみながら作業をしないといけないというのです。そんな時、おやじ、何をいっているのだ、と言い返したのです。〝これからは世界で勝つ農業をみんなでやらないといけないのじゃないか〟って」

船方総合農場はまず、「後継者育成資金」で七頭の牛を購入した。

忘れられない朝がある。うち一頭が産気づいた。まだ牛舎はなく、牛はシクラメンのビニールハウスの隅っこで分娩させることになっていた。

前夜から徹夜で、坂本ほか、五人全員が牛の出産を見守った。あの熱気は何だったのだろう。「がんばれ」「がんばれ」と牛に声をかける。坂本は横たわった牛の背中を何度もさすった。

寒い日だった。吐く息が白い。五人は毛布と稲わらにくるまって夜を明かした。徹夜だった。外をみれば、中国山地の山際が白みを帯びてきた。やっと子牛が誕生した。「やった～」の大声が上がる。

一つの生命の誕生を自らの船方総合農場の創設にだぶらせた。五人は徹夜明けの早朝、出産を祝い、祝いの酒を酌み交わした。

坂本の回想。

「なにかしら、感動しました。あの時の酒の味は忘れられない。あの時のみんなの顔も忘れられない」

新たな共同経営に対する高揚感があった。もちろん不安もある。

「そりゃ、カネも財産も地位もない我々にとってみれば人生をかけた命がけのチャレンジだった。休む余裕もなく、みんな朝四時出勤、夕方七時頃帰宅です。石コロの草地、風が吹けば飛んでいきそうなビニールハウス。そこで子牛が生まれた。一筋の光というか、子牛がきらきらと光り輝いていたのです」

## 農場経営、拡大化

船方総合農場は農政の補助金を活用した。でも大事な点は、「補助金があるから、計画を立てようではなく、まず目標と計画があって、補助金を活かすことである。メニューから慎重に選択する」ということである。

坂本は断言する。

「補助事業を活用するにしても、若者が参加する農業づくりにしても、自らの経営方式や運営管理を社会環境に合わせて改善し、その必要条件に適合しなければ事は進まない」

船方総合農場をスタートした翌年、最初の会計検査を受けた。坂本は、検査官からの言葉をおぼえている。「坂本君、君たちは悪いことはしていないし、工事もきちんとできている。しかし、この会計簿をどんぶり勘定というんだよ。これでは社会を説得することはできない」

一九七四（昭和四九）年。船方総合農場は水稲の稚苗の受託事業を始める。

地域農家との連係も強めた。牛の堆肥を農家に無料で供給して、牛の飼料となる稲わらをもらう。いわゆる循環型の地域複合農業である。また農協の組合長にかけ合って、ライスセンター（穀物の乾燥・調製・保管施設）とコンバイン（稲を刈る機械）を借り、二〇〇〇戸ほどの農家から稲作の作業受託も始めた。

船方総合農場の経営は酪農と園芸、つまり牛と花がメインである。稲作農家と連携することで、地域との連帯感を強めていくことになった。今でいうところの、「耕畜連携」の実践だった。コメ、野菜などの作物を栽培する「耕種農家」と「畜産農家」の連携である。

一九七五（昭和五〇）年。酪農拡大のための牛舎、牧草地の確保のため、徳佐下の元山地区の土地十六・五ヘクタールを取得した。イギリス製造の高さ二五メートルのグリーンのタワーサイロも建てた（タワーサイロとは、青刈り作物や生の牧草を詰め、乳酸菌の作用で発酵させるためのタワー型の飼料貯蔵庫）。この地が現在の船方総合農場の本拠に発展していくことになる。

この年、乳牛を百頭、一気に増やした。元山地区の町営育成牧場十ヘクタールを借地し、そこに酪農近代化施設を建設する。そのため、坂本多旦は総合資金や補助金をふんだんに活用する。元山地区に農場を移すために、さらに約一億三千五百万円もの大金を借金した。

坂本は真顔で言う。

「一大決心だった。なんぼ借金したかというと、女房以外、人間以外は全部、借金の担保にした」

## システム農業への道

坂本はやがて、「システム農業」への道を模索し始める。日本の酪農家ではまだ実用化されていなかったタワーサイロ、搾乳ストールが回転し一頭ずつ搾乳するロータリーパーラー、メリーゴーランドのような最先端の自動搾乳機を導入していく。最先端技術の、全国初の酪農モデルを作ろうとしたのである。

その際、国の支援をあおぐため、町議会の経済委員長に連れられて、東京・霞が関の農林水産省まで出向き、安倍晋太郎・農林水産大臣（当時＝安倍晋三・現内閣総理大臣の父）にも陳情した。安倍は坂本と同じ山口県出身。

坂本が思い出す。

「安倍さんのところにいって、阿東町で大規模農場をやってみたいから、なんとか国でも支援してください、とお願いをしにいったのです。町の経済委員長も一緒でした。安倍さんは、〝がんばってみよう〟と言ってくださったんです」

一九七六（昭和五一）年三月、元山地区に造った船方総合農場（元山地区）の竣工式が行われた。二基のグリーンの巨大なタワーサイロが春の陽射しに光輝いていた。

だが実は前日、妻の千実《ゆきみ》が倒れた。意識を失い、宇部市の山口大学医学部附属病院に救急車で運び込まれた。脳血栓だった。妻の意識は戻らない。坂本は付き添い、竣工式の準備のため、妻の世話は姉に任せ、すぐに徳佐に戻った。複雑な心境で竣工式を迎えた。

午前十時に始まった竣工式には坂本たちの最大の理解者であった当時の中村恒易・山口県副知事をはじめ、県、町の幹部が勢ぞろいした。前日は欠席としていた地元の反対派の人々も農場にやってきてくれた。妻が倒れた、とのうわさが流れたからである。どんなことがあっても、村の人々は困った時にはやさしい。これが「定住再生産」といわれる日本の農村社会の文化である。

竣工式が終わる。懇親会に移る。村の人々から「ここは任せて、病院に早く戻れ」と言われ、坂本はあいさつを済ますと、山口大学附属病院に飛んで行った。

ベッドに横たわった妻がいた。医者の説明によると、ちょうど竣工式が始まった頃、千実は意識を取り戻したという。「大丈夫か」という坂本に、妻は声を絞り出した。

「ごめんなさい……」

農業は一＋一が二ではない。自然が相手、生きものが相手だからだった。

坂本多旦が言う。

「計算通りにいかんのが、農業では当たり前なんです。いろんなことが起きるのが当たり前、生命総合産業ですから」

事件が続く。

一九七七（昭和五二）年二月、「ヒノキ皮事件」が発生した。

船方地区ではシクラメン栽培のほか、育成牛（将来、母牛となる牛）を育てていた。すぐそばには町営のヒノキの植林地区があった。木々の間の雑草を刈り取る作業（「中刈り」）が結構、町の負担となっていた。

ならば、とアイデアマンの坂本多旦は考えた。この育成牛を植林地域に放牧し、牛に雑草の中刈りをさせればいい。牛のエサもいらなくなるから、一石二鳥ではないか。

坂本が言う。

「いわゆる畜産の経営と林業の融合です。合理的だなと思ったのだ」

町役場にアイデアを持ちかけると、なんとか賛同を得た。ヒノキの植林地域の三十ヘクタールほどを有刺鉄線の柵で囲い、そこに牛を四十頭、放り込んだ。勝手に雑草を食べて、育てと。たまにはドラム缶をゴ～ンと鳴らして牛を集めて、濃厚飼料を食べさせるけれど、ほとんどは雑草をエサとした。

中国山脈の山間だから、冬は雪も積もる。とくにこの年は山陰地方が豪雪と寒波に見舞われた年だった。ある日、牛の放牧林地に見回りに行って、坂本はびっくりした。

「一面のヒノキ林が北海道の白樺林になっていたのです。みんな、木の皮がきれいにむけて、ツルツルなんですから」

何が起きたかというと、冬になると雑草も少なくなる。さらに寒くなると、牛たちは糖分がほしくなる。実はヒノキの皮には糖分が多く含まれており、食べるとほのかに甘くておいしい。だから牛たちが植林のヒノキの皮をぜんぶ、平らげていたのだ。これに激怒したのは、阿東町の役場だった。林業務課長からは「責任をとれ」と迫られた。

「町としては林業に莫大なカネをかけて、将来はこれで町の財政を賄おうと考えていた。それを台無しにしたのだから、被害分を弁償しろと言ってきたのです」

いくらですか、と聞けば、ヒノキ一本が一万円と言う。二〇〇〇本のヒノキの皮がはがれたから、トータル二千万円ということだった。当時のジャンボ宝くじの一等賞金が一千万円というから大金だ。

だが、無い袖は振れない。二百万円の弁償で勘弁してほしい、と頼み込んだ。元はと言えば、坂本たちのアイデアに賛同したのが町役場だったのだから。結局、二百万円の弁償でまとまった。

「我々がいかに、本気で法人経営に取り組んでいるかということを町に示すためには、無理をしても弁償するほうがいいと判断した。たしかに二百万円は大変なカネだけど、牛を所有している者の責任は免れない。なんぼ苦しくてもカネは払うべきじゃ。甘えて通ったら、ダメな法人になる、と思ったんです」

まだ牛舎も木の手作りで貧乏な時代である。でも坂本たちは二百万円を何とかかき集めた。弁償したら、町役場からは始末書も書け、と注文してきた。カチンときた。ぐっとこらえて、阿東町の町役場にいった。

会議室。大きな木造りのテーブルの向こうに阿東町の林業務課長が座っている。坂本はぶぜんとしながらも、黒色のボールペンで一気に始末書を書いた。「モ～しません。モ～しません」と。

坂本が思い出し笑いをする。

「はっはっは。すみませんでした。そう書いて、最後に〝牛がモ～しません。モ～しません、って泣いて謝っとるのでお許しください〟と続けたの。シャレのつもりだったのに、課長が真っ赤な顔して、書類をバシッと机にたたきつけて、〝坂本～、あんたは、おれらをなめとるのか～〟っておこるんよ。頭から湯気をぽッぽ出して。こっちは、牛にわざとヒノキの皮を食べさせたんじゃない。なのにカネもとられたわけだし、ちいと楽しくやろうと思っただけよ。はっはっは」

阿東町では一時、この話に尾ひれがついて流布されることになった。坂本が「モ～しません。モ～しません、と牛のマネをして課長を激怒させた」と。

この時、船方総合農場の社員は九人。

「二百万円を払って、おれらは社会的責任があるのだ、ということを、九人がかみしめた。あの事件以降、地域に対しての責任を感じ、注意深く取り組むようになったのだ。

一九七八（昭和五三）年一月、〝子牛事故〟が起きた。

船方総合農場の大規模化で、社員らの目が隅々まで届かないようになった。だからだろう、この時生まれた子牛が病気になって、次々に死んでいった。一週間で二〇～三〇頭、二週間で六〇頭もの子牛が死んだ。

原因が分からない。獣医に診察してもらい、あの手この手で守ろうとするのだが、効果が出ないのである。

坂本の述懐。

「獣医の話を聞いて、マニュアルや理屈通りにはやるんです。たとえば、生まれて何時間後に母牛の母乳を飲まして免疫力をつけたり、獣医が注射を打ったり、栄養剤を飲ましたり……。でも子牛はすぐ、弱って、食事もできんようになって死んでいく。困ってしまった」

そんな時、救世主が現れる。「わたしが手伝ってあげようか」。農場のそばに住む五十代の農家の「斉藤さん」という女性だった。

奇跡が起きる。その女性が子牛の担当についたとたん、子牛の死がピタッと止まった。

なぜか。坂本が思い出す。

「私らは理屈ばかり言った。でもおばちゃんは違った。お産の時から、稲わらの上に座り込んで、一緒に涙を流して、おかあさん牛の背中をなでたり、腹をなでたりするわけよ。〝つらかろう、えらかろう〟。〝がんばれ、がんばれ〟と言いながら」

つまりは愛情だった。観察力だった。母牛のつもりで子牛を見るから、子牛が体調を崩す前に変化の兆しが分かるのである。早めに気がつくから、対応もしやすい。

「愛情がやはり、いのちを救うということでしょ。人の子だって、生まれた直後は、お腹が痛い、頭が痛い、って言わんでしょ。症状が出た時はもう、危篤状態になってしまう。

でもおかあさんが赤ちゃんの目を見ておっぱい飲ますから、変化が分かるわけです。我々より、一週間早く、あっ、おかしいと、変化を見つけるんです。これっていのちの問題、生命の問題なんです。すごく大事なことなんです」

坂本は、家族経営の強さと法人経営の弱さを痛感することになる。

「事務的に処理したら、生命産業の農業はできないということなんです。家族経営だと、家族は家畜と一緒に生活するじゃないですか。仲間意識は強いじゃないですか。だけど、新しい時代をつくるには、マニュアル化された生産技術や日曜日のあるシステム、労働基準法に基づいた就業規則のある農業でないと、農家にはお嫁さんもこんし、若者がこんというジレンマがあるんですよ」

いずれにせよ、坂本は、農業が家電や自動車産業とは違うことを学んだ。自分たちは「命」を扱っている。お互いに「生きもの」だという発想を総合農場経営の根っこに置くことになった。

坂本が漏らす。

「仲間のハートも変わってきた。僕らは、莫大な牛を殺してきた。乳牛にしても、病気でおかあさん牛を死なせてしまった。僕らは、いのちというテーマをつくづく考えるようになった。いのちに対する謙虚さ、感謝の気持ちを忘れちゃいかんのです」

なおも試練が続く。

日本がモスクワ五輪をボイコットした一九八〇（昭和五五）年、船方総合農場では〝母牛事故〟が多発した。

冷夏の長雨の影響を受け、牧草が育たなかった。雨にぬれた牧草を食べると、乳牛は変調をきたした。栄養を補給できない牛たちが次々に死んでいく。

坂本が言う。

「冷夏の長雨はこたえた。雨にぬれた草を食べさせたら、牛は四つの胃が機能しなくなったんだ。やっぱり牛には乾いた牧草や乾わらを食べさせないとダメなんだ」

坂本たちは手分けして、地元の農家に頭を下げて回った。堆肥と倉庫の稲わらを交換してください、と。地域に助けられ、なんとか窮地を脱した。

またも教訓は残った。「地域との連係」である。「危機管理」である。

この後、坂本たちはタワーサイロを技術改良し、干した稲わらを大量に貯蔵するようになったのである。

## 3　相次ぐ試練

### 村の反対運動

坂本多旦《かずあき》にとって、人生最大の挫折、いや試練である。

一九八二（昭和五七）年六月のことだった。徳佐地区の真ん中あたり、徳佐上と徳佐中の間あたりに広がる末国地区の一ヘクタール《ヘクタル》の竹林を用地買収し、畜産団地として肉牛センターと堆肥センターをつくろうとした。「末国《すえくに》地区の畜産団地の建設計画」と呼ばれた。

ざっと一千万円を投じた用地買収はうまくいった。だが、いざ建設を始めようとした矢先、地元の小学校のＰＴＡなどから六五〇人の反対署名が町役場に提出された。「畜産公害」というのだ。

年々巨大化していく船方総合農場に対する警戒感、やっかみもあったのだろう、「臭い」「汚い」が理由だった。「牛のおしっこが川に流れたら、魚に悪い影響を与える。ハエも飛んでくるし、においもするから、子どもたちの環境にも悪い」と言うのだった。

村は反対、賛成で二分され、カンカンガクガクの大議論となった。坂本の子どもたちはいじめにあった。坂本たちは補助金をもらっている立場だから、事業計画はすべて申請し、許可を得ていたのだが。

坂本たちは何度も集落の集会に出ていった。頭を下げて回った。誠意を持ってロジックで押しているのだが、感情論で分かってもらえなかった。

それならば、と、当初の計画を強行しようと考えた。堆肥センターでは汚水をそのまま外部に流すことはない。環境対策もちゃんとやる。そもそも法律にのっとっているので、自分たちは何も間違ったことはしていない。しかも村の農業の将来のため、若者たちのために農場を拡大しようとしているのだ。

大規模化にまい進する船方総合農場に対する拒絶反応もあったのだろう。大規模酪農といえば、四〇頭、五〇頭の時代に、いきなり百頭、二百頭なのである。ゆくゆくは千頭を目指すというのだから、村はどうなってしまうのだろうという変化に対するおびえが出ても不思議ではない。

坂本にとっては、初の大きな試練だった。村の農家の人々のためにと思って大規模化を図ってきたのに、その人々の反発を受けたのだ。裏切られたようなショックだった。

## 坂本、倒れる

莫大な借金返済、資金繰り、地元の反対運動……。坂本はついにダウンした。野坂にあるシクラメン園芸部のトイレで倒れてしまう。

「坂本さんがトイレに入って出てこない」との連絡を、妻の千実《ゆきみ》が受ける。飛んで行ったところ、トイレの中でうずくまっていた。両脇を抱えて立たせ、一緒に病院に連れていった。急性の十二指腸潰瘍だった。

この時のことは、坂本の記憶から飛んでいる。倒れたこと自体は覚えているのだが、なぜなのか、どんな状況だったのか思い出せないのである。

結局、末国地区の畜産団地の建設計画は断念することになった。「村から出ていけ」との声もあったのだが、さて、出ようとすると、村全体の将来の収入チャンスが消えるから、「村から出ていくな。計画を中止するな。畜産団地は町のどこか別のところに建設してくれ」と反対派が懇願するのである。

坂本が言う。

「徳佐は世にも不思議な国なのだ。たしかに無念さはあった。悔しさというより、資金繰りで会社をつぶしちゃいかんから悩んだ。現金が一千万円もないときに、その大金を突っ込んで土地を買ったけれど、事業が動かなくなって、土地を遊ばせているんだから」

坂本は一年後、土地を町に転売した。土地と土地の交換だった。

## 「道の駅」を提唱

余談ながら、坂本多旦は、卓抜な発想の持ち主である。実は、ただいま全国に約一〇〇〇カ所ある「道の駅」の言いだしっぺなのである。

経緯を聞けば、坂本は病気で倒れた妻の千実を定期的に宇部市にある山口大学医学部の附属病院に車で連れて行っていた。片道、約二時間かかる。国道を走ると、トイレにいきたくなる場合がある。気分が悪くなる時もあった。

そんな時、国道沿いには公衆便所もなければ、休憩場所もない。高速道路にはサービスエリア（SA）やパーキングエリア（PA）が整備されているけれど、一般道にはそんな場所がないのである。

トイレを利用するとなれば、JR在来線の駅で停まるか、レストランでも探すしかなかった。阿東町と山口市内を結ぶ国道九号線の道路沿いにはほとんど店らしい店もなかった。急を要して道路脇の藪に駆けこんだら、お尻をハチや藪蚊に刺されたという話はゴマンとある。

ある日、坂本が妻を宇部の病院に連れていく際、途中で妻の気分が悪くなって、トイレを探しまくったことがある。坂本は疑問に思った。「なぜ道路に便所ひとつないんだ。道路行政はスピードも必要だろうが、一番に使う人間が基本やろう」と。

また、こんなこともあった。夏。阿東町の集落では子ども会で日本海側の海辺の町に海水浴にいった。父兄の乗用車五台に分かれて、目的地の海水浴場に向かった。国道九号線を走る。ただ海岸沿いには数多くの海水浴場が点在していたため、乗用車は同じところに到着することができなかった。

車に互いの目印の赤いリボンをつけて走っても、案内所ひとつないからはぐれてしまうのだ。坂本はここでも疑問に思った。なぜ、案内所がないのだ。「鉄道の駅のごとく、道に駅があってもいいのではないか」と。

その後、坂本は広島県の広島市内で開かれた「中国・地域づくり交流会」の会合で『道の駅』を提案したのである。

この提案は賛同を得た。会合に出席していた建設省（現、国土交通省）の幹部が持ち帰り、やがて山口県の阿武町ほか岐阜県、栃木県において、「道の駅」の社会実験がおこなわれた。これが好評を博し、建設省が音頭を取り、全国に設置していくことになる。休憩施設と地域振興施設が一体となった道路施設の「道の駅」。おれが発案した、ここが道の駅の発祥地だという輩は多いけれど、坂本は「だれでもいい」と一笑に付す。

「一番は人が幸せになること。大人も子どもも喜べばそれでいい」

ところで、その新鮮なアイデアはなぜ。坂本は即答する。

「なぜ、と考えるんだ。なぜ、なぜ、なぜって。いつも、頭にハテナマークが蚊のように飛びまわっているんだ」

## 4　六次産業化

### わんぱく農場

中国山脈の山奥の小さな農村、山口県阿武郡阿東町（現、山口市阿東）徳佐。山の稜線が薄墨を流したように折り重なっている。そんな秘境の里に、オランダの牧場かと我が目を疑うグリーンのタワーサイロがふたつ、建っている。

そこが船方総合農場の拠点である。サイロに誘われて近づけば、青々とした牧草地が広がる。特に柵もめぐらされていない。

「何をやってるんだ。ここはおれたちの聖地だぞ。草地には入ってはいけない。すぐに出てけ〜」

船方総合農場社長の坂本多旦はそう怒鳴って、農場に入ってくる都会の人々をよく追いだした。バブル景気真っただ中の一九八五（昭和六〇）年頃のことである。

「最初は農場から人を追いだすのに苦労したんだ。牛のところにいけば危なくもある。けがでもしたらどうするんだ。ここは見せ物ではないんだ。おれたちが命をかけて大きくしてきた牧場なんだから。土足で踏み込まれるなんて許せなかった。でも」

坂本は若手の社員からこう、言われたのだ。社長、なぜ、都会の人を追い返すのですか。わざわざ遠くからきてくれたのだ。遊ばせてほしいという家族を入れてあげたらいいじゃないですか、と。

農場でミーティングを開いて、社員の意見を聞いてみた。驚いたことに「農場を開放すべし」が大勢をしめた。

いったん解放したら、口伝てで土曜、日曜にわんさと山口市や宇部市などの人が農場にくるようになった。ピクニック代わりにきては、牛をみて帰る。なぜこんなに人がくるのだろう、と坂本は不思議でしかたなかった。

市街地に住む人々は船方総合農場に「癒し」を求めていたのだ。人がきたからといってコメがたくさんとれるわけでもなく、シクラメンがきれいに咲くわけでもない。でも来てくれた人が喜んでくれる。

坂本は、そんな様子を山口市に住む友人に話していた。ある日、山口県の農協中央会から、都市農村交流のイベントをやらないかという誘いがあった。

それが「わんぱく農場」に発展する。

**泥だらけがうれしくて**

船方総合農場はミーティングを重ねた結果、わんぱく農場を開催することに決めた。これが農場の一般解放の契機となる。長い船方総合農場の歴史の中で「第一回わんぱく農場」は太字で記されなければならない。

一九八六（昭和六一）年八月。夏休み最後の日曜日。二五〇組の小学三年生の親子を船方総合農場は受け入れた。

坂本の述懐。

「農協の組合長などもきて、あいさつが長くなった。そうしたら、子どもたちが気分を悪くして倒れていく。熱中症だったのだろう。聞けば、大規模な小学校の朝礼はテレビでやっとるというんだ。救護班は大忙し。どうなることかと思ったもんだ」

前夜来の雨で草地も農地もぬかるんでいた。都会からきた小学生も母親も靴やズボンを泥だらけにして走り回っていた。

「下関からきた女の子に〝泥だらけにしちゃってごめんね〟と言ったら、おかあさんが〝とんでもない。泥がつくのがうれしくて、うれしくて仕方ないわ。わたしらは半年間、泥を踏んでいなかった。ちっとも心配せんでいい〟と返ってきた。そんな考え方もあるのかって、勉強になったもんだ」

乳しぼりも体験してもらった。子どもたちは最初、牛の糞尿が「くさい」「くさい」と連発する。フンが香水のにおいだったら変だろう、と坂本は子どもたちに丁寧に説明した。

「最初、子どもたちは〝くさい〟と大騒ぎする。くさい、くさいと。ところがすぐ、においになれる。そりゃそうだ。人間って、自然のもののにおいなら慣れちゃう。牛や豚は汚い、臭いというけれど、とんでもないことなんだ。地球に生きる同じ生き物だから。子どもたちはゲンキンだ。帰り際、〝おっちゃん、ありがとう、またくるけんね〟だもの。まあ、このにおいが究極のコマーシャルよね。トイレで臭いと思ったら、ふと、この船方農場を思い出してもらえるんだから」

一度きた親子が週末、また船方総合農場に戻ってくるようになった。イベントの様子が地元テレビで流されると、農場に問い合わせが殺到した。わんぱく農場で船方総合農場が一気に有名になった。

その年の秋の行楽シーズン。週末や祭日ともなれば、農場の周辺には車の行列ができるようになった。勝手に車を止める。ゴミを捨てる。農場を開放したのはいいけれど、やはり安全と交流におけるルールを確立しないといけない。それが船方総合農場の大きな課題となった。

## ○円リゾート

「わんぱく農場」を契機とし、船方総合農場は一般の人々に開放されることとなった。農村における「都市と農村の交流の場」の創出でもある。

ただ見せ方が議論となった。レジャーランドのように農場を整備して見せるのか、あるいはふだんの農場の姿を見せるのか。言い換えれば、カッコつけるのか、自然体で行くのか。坂本多旦の方針は単純明快だった。

「クソだらけの己をみせる」

いわば、完全に機械化・システム化された無菌室の東京ディズニーランドとは、対極のテーマパークである。臭くてもいい。牛舎に糞尿が落ちていても構わない。自分たちが運営している農場を体験してもらう。農業のいいところも悪いところも素で見てもらおう。

カネはとらないことにした。一円もとらない。入園料も駐車代もとらない。だから「〇円（ゼロエン）リゾート」と名付けた。

狙いは「いのちの教育」自然体で、コメと牛とわれわれが生と死をテーマに織りなす日々のドラマを体感してもらうことにこそ意味がある、との考えからだった。

家族連れのリピーターや若者グループも増えていったけれど、来場者のターゲットは小学校三年生以下だった。農場が生涯教育の場、いのちの教育の場になってほしいという坂本の思いがつよかった。

「子どもがニンジンを持っていると、右手をウサギにかまれたりする。おかあさんは血相を変えて、救急車を呼んでくれと大騒ぎするわけだ。私のおやじだったら、おお、ションベンでもかけとけば治る、って言うんだけど、おかあさんにはションベンとか言えないから、つばをつけて舐めてあげなさいと言うんだ。それでも、親子で騒ぐ時がある。だったら、うちの農場にはきなさんな、となる」

## グリーンヒル・アトー、みるくたうん設立

一九八七（昭和六二）年四月、株式会社「グリーンヒル・アトー（ATO）」が生まれた。三十人ほどが合計一千万円を出資した。ATOは「アグリカルチャー（農業）」「トータル（総合）」「オーガニゼーション（機構）」の三つの英単語の頭文字をとった。もちろん阿東町のアトーもかけている。

グリーンヒル・アトーは農業と自然により親しんでもらうためのサービス業である。いわば第三次産業のくくりだった。

あれよあれよと客が増え、船方総合農場の来場者は年間、数十万人に膨れ上がった。「グリーンヒル・アトー」のスタッフが農場内を案内する。乳しぼりの世話をする。バターづくり、ソーセージづくり、バーベキュー……。もちろん入園料はタダとはいえ、体験もの、食事だけは実費のみとることにした。

ある日、五〇組ほどの親子が大型バス二台で船方総合農場にやってきた。子ども会のイベントだった。なぜか母親たちが空の一升ビンを手に持っている。妙な光景だった。

理由を聞くと、帰りに農場で生産している牛乳を買って帰りたい、という。子ども会はカネがないから、ひとり二千円のバーベキューは食べられない。弁当持参で遊んで帰るだけだと農場に申し訳ない。だから、何か貢献したいのです、ということだった。

それはできない相談だった。食品衛生法があって、農場は加工場としての認可がないので、原乳をメーカーに納めるだけで直接に販売することはできない。牛乳を販売するためには、加工場をつくり、地域の保健所から許可をとらなければいけなかった。

ひとりの母親が不思議そうな顔をした。「それなら加工場をつくればいいじゃないの。わたしたちも協力しますから」と言うのである。

そう言われても、農場にはカネがない。でもグリーンヒル・アトーのように出資者がある程度集まれば、可能かもしれない。農場でミーティングを重ねた結果、加工場をつくることになり、出資者を募った。

坂本は内心、一千万円も集まれば上出来と思っていたら、「一口五万円でひとり十口まで」と条件を付けたにもかかわらず、あっという間に個人出資だけで一億円もの申し込みが集まった。当時はバブル景気の最後の頃、財テク期待もあったのだろうが、家族ぐるみの参加が多かった。

一九九〇（平成二）年四月二九日のみどりの日、農産加工会社「みるくたうん」が設立された。

株主はざっと七〇〇人。主婦を中心に、弁護士、検事、税理士、会社社長、大学教授、僧侶ら多岐に富む。毎年、創立記念日でもあるみどりの日の四月二九日に株主総会が開かれる。うち一五〇人ほどの株主がピクニック気分で出席する。個人株主オンリーだから、おじいちゃん、おばあちゃんから小学生や赤ちゃんまで……。

配当は「二％」相当。現物でも渡す。コメのほか、肉、牛乳と船方総合農場の製品なら何でも認められる。今、みるくたうんは約八五〇〇軒の家に牛乳を届けている。

**農業経営の六次産業化**

新たな農業のカタチが生まれた。農業・農村の多面的機能を活かして農業を経営として確立したかった、と坂本は言う。

「消費者ありきのシステムです。農場を法人化し、グリーンヒル・アトーという交流会社ができて、そこに牛乳が飲みたいという消費者のニーズが出てきた。だから加工して販売することになった。消費者からの必要に応じて、船方農場は発展してきた。これが農業経営の六次産業化です」

「カリフォルニアの大農場にもマネできんのが中山間の農場です。これからの村づくりは、我が国の個性を活かした生命総合産業の創造であり、六次産業化の形成を図ることにその活路があると思うのです」

一次産業の「農業生産」、二次産業の「食品加工」、三次産業の「販売と都市農村交流」。一、二、三次産業の数字を足せば六、かけても六になる。だが坂本の概念では、正確には「(一×三×二)+〇＝六」である。

坂本が椅子からからだを乗り出す。右手の太い人差し指で空に数字を書く。

「わたしのこだわりです。掛け算の順番もこれじゃないといけない。特にもっとも大切な農業の一次産業がゼロになれば、ぜんぶゼロとなる。足し算だと農業をなくしても五で数字が残る。それはダメだ」

船方総合農場の歴史でいえば、農場(一次)がベースにあって、グリーンヒル・アトー(三次)が設立されて、みるくたうん(二次)が生まれた。消費者がいたからこその順番である。さらには、最後の「＋〇」が大事なのだ。

「六次産業は、イコール生命総合産業なの。この〇は〇円リゾート。交流の場です。生命の場です。この〇がポイントなんだ。ポイント、ポイント、ポイント……。言葉を変えると、この〇は無限の愛情であり、絆でしょ」

六次産業化は成功した。

だが、船方総合農場、グリーンヒル・アトー、みるくたうん三社の利害はしばしば、ぶつかることがある。

例えば、みるくたうんが原乳を船方総合農場から安く買えば、みるくたうんの利益は増えるけれど、船方総合農場のもうけは少なくなる。逆にみるくたうんが高く買えば、みるくたうんの利益が減り、船方総合農場の社員の給料が上がることになる。つまりは、市場価格を見ながらの調整役が必要になっていく。

そこで、グループ全体の企画・調整役として事業協同組合「みどりの風協同組合」を設立した。一九九〇（平成二）年一一月一二日のことだった。理事長には坂本が就任した。ちょうど五〇歳の時である。

## 5　「花の海」

**農業人をつくる**

何事も「人」が大事である。

山口県が、農業経営人材の育成と、その創出システムをつくるため、「山口県尊農塾」を山口市に開設した。山口が生んだ明治維新のリーダー、吉田松陰の「松下村塾」をイメージした。「尊王」をもじって「尊農」とした。

初代塾長となった坂本が説明する。

「広く日本の農業を守り、育てていく次代の経営者を育てたかった。まず二、三年後の広域交流拠点の経営人材選抜と、尊農の志士としての人材を創ることが目的だった」

坂本は当時、日本農業法人協会の初代会長に就任した直後である。政府の「食料・農業・農村基本問題調査会委員」や「経済審議会特別委員」を務めた頃で、日本の農業への問題意識が高まっていたのだった。

二〇〇〇（平成一二）年四月、山口市で尊農塾がオープンした。

参加者がざっと三〇人。やがて坂本の右腕に育つ前島昭博もいた。一九七〇（昭和四五）年生まれ。当時三〇歳だった。農業者というより、科学者の風情が漂う。痩身。メガネの奥の目には知性と向上心が宿る。

前島が言う。

「大学の農学部で勉強してきたことを、社会で実践したかったのです。ある有名な農学博士が〝農学栄えて農業滅びる〟というようなことを言っていた。その言葉に対しての反発もあったのです」

前島は愛媛県出身。愛媛大学農学部を卒業後、同大大学院博士課程を中退し、一九九六（平成八）年夏、愛媛県の松山市から阿東町徳佐にやってきたのだった。

尊農塾は月に一回、塾長の坂本自身のほか、農業マーケティングのプロ、地域おこしの成功者、財務に詳しい税理士、大学農学部教授らを講師とし、議論を重ねた。各回、生徒が地域連携の事業企画を発表することにもなっていた。

尊農塾で前島が発表したのが、「花の海」の素案となる構想だった。

簡単にいえば、システム生産農業のひとつの手法である。大量の流通・販売に対応した、野菜や花、果物の苗もの、ミニバラ、イチゴなどの生産販売を通じて、「地域農業の連携」と「地域社会の活性化」に貢献する農場づくりを目指すとしていた。

　前島が説明する。

「日本が世界に誇る製造業における製産ラインを農業にあてはめるのです。システム生産の役割を分担し、ある者は営業、ある者は種まき、ある者は接ぎ木のところ……。技術力を高め、効率化を図り、生産性の高い組織農業をつくるということだった」

　団地のごとく大規模な農地にハウスをつくることは、組織農業の真骨頂じゃないか、と前島は尊農塾で力説した。もうひとつ、と加えた。

「花や野菜苗の販売経路が時代とともに変わってきた。量販店や大規模店舗が増えてきた。十年、二十年前だと、地域集落で食料雑貨をこぢんまり売っていた商店がつぶれ、郊外に大規模店舗が出現してきた。いずれ苗の世界でも起こるだろうと思っていたら、ホームセンターさんがでてきて、チェーン展開されるようになった。流通経路が変わった」

　個人商店の花屋は花の種類は多いけれど、一種類の量は少なかった。商店は花を市場の競りで仕入れていた。だがホームセンターのチェーン店だと、カバーエリアが中国地区、四国地区、西日本全域と広いから、一度に数千鉢、数万鉢を仕入れなければならない。

　花の苗の流通ではトレイ単位で売買される。一トレイに二八本入っていたら、三百店舗を持つチェーン店が一店舗に一トレイほしいと言っただけで、三〇〇トレイ、つまり一万ポット近くの花の苗が必要となる。

「花や野菜の流通が大きく変わるなら、園芸農場も変わらないといけない。大量の苗を、決められた時期に納入する。個人農家では無理です。それも速く運ばないといけない。流通の大手業者と組んで、これまでと違う流通経路を使わないといけなくなったのです」

## 「花の海」構想実現化

坂本はすぐこの構想に乗った。実現化に向けての話し合いが続く。船方の園芸部の施設面積は五〇〇〇平方《メートル》にすぎない。これでは狭すぎる。もっと別のところに巨大な農場が必要になるし、組織力、雇用、事務処理能力は格段にアップされることになる。

前島には忘れられない出来事がある。企画を具体化していく段階で、土地取得などの現実問題に苦慮し、前島が一度、あきらめかけたことがある。坂本に対し、「もう実現は無理です」と言った。

「そうしたら、社長が珍しく、いきなり黙って社長室に閉じこもってしまったんです。いつもなら、すぐに言い返してくるのに……。あれって思いました」

五分ぐらい閉じこもり、坂本が真っ赤な顔で出てきた。「やりたいんか、やりたくないんか」と強い口調で言われた。

「そりゃ、やりたいですけど、と言ったら、社長は〝じゃ、やろうじゃないか〟とおっしゃったのです。社長の覚悟を感じました」

「花の海」の場所探しが始まった。

　坂本が述懐する。

「大規模でやるのなら、酪農なら山口ではやれない。でも花なら山口でもやれる。ある程度の施設と技術があれば、大規模化を図ることができる。生産構造と消費構造の両方に立脚するのだ。六次化がひとつの行き方だと思っている。花の海は、もうひとつの戦略なのだ」

　候補地を探していたら、いい話が坂本のところに舞い込んできた。山口県の南部、つまり瀬戸内海の臨海地区である。船方総合農場からだと一〇〇キロ離れた山陽町（現、山陽小野田市）の埴生という地区にある干拓地だった。埴生は「はぶ」と読む。

　広さは一六ヘクタール。農地にするか、産業廃棄物処理場にするか、住宅地にするか、山陽町でも考えがまとまらず、耕作放棄地になっていた。町長も困って、坂本のところに「山口県で自立したい若者たちを応援する農地にしてくれまいか」と持ち込んできたのだった。

　まさに渡りに船だった。これから地方の農地ではこういった土地がたくさん出るだろう、と坂本は考えた。

「ぜひ、この耕作放棄地を生産の場によみがえらそう。雇用創出のため、挑戦しようということになったのだ」

## 建設反対運動

　坂本たちが、一六《ヘクタール》の土地をまとめて農地として譲り受けるということが公になると、反対運動が突如、起こりだした。

　ひとつは、山口県の花づくり農家グループだった。大規模園芸によって鉢花や苗の生産量を大幅に増やしたら、ますます市場の競り値が下がるではないか、と言うのだ。山口県庁の前で抗議の座り込みまで起きた。

　これは坂本や前島らが誠意を持って説明にあたった。船方総合農場とて、山口県内の園芸農家といろんな交流を持ってきた。その仲間をつぶすようなことはしない、と。

　これは前島が説明する。

「僕らが言ったのは、無計画に地域内の市場に花の苗をどんと出すわけじゃない。売るところが違うし、売るものも違うんだ。だから直接的にバッティングすることはない。経営の進むべき道が違うのだ」

つまりは、花の海は山口県内の花市場には出荷しない。あくまで販売先はホームセンターなどの大規模店をターゲットにし、ナスやトマトの接ぎ木の苗などは九州などに販売先が決まった上で生産するというのだ。

坂本と前島は、花の生産者の会合に参加し、根気よく説明した。前島が続ける。

「わかってもらえた部分もあれば、最後まで分かってもらえない部分もあった。ある意味、仕方のないことですけど」

もうひとつの反対運動は、土地の利権がらみの理不尽な言いがかりだった。地権者やブローカーが億単位のカネを要求してきた。坂本たちはこれには断固、毅然とした態度をとり続けた。

当初は右翼にも目をつけられた。現地調査のために山陽町に入ると、決まって一台の車につけ回される。坂本は、地元の人たちから「右翼に狙われているから気をつけてください」と忠告されたことがある。

右翼の街宣車が山陽町の中を通る国道二号線を走った。「坂本多旦はいい加減な男である」と大音響でアナウンスしながら。

坂本が笑いながら思い出す。

「街宣車を止めるわけにはいかんから、ほっといた。まあ、自分を知らない人はアナウンスを信用するかもしれないけれど、分かってくれる人は信用せんと思っていた」

右翼は阿東町徳佐地区にまで遠征してきた。ちょうどその時、坂本は船方総合農場の事務所にいなかった。後日、坂本が「花の海」の予定地そばの仮設事務所にいたら、右翼のトップが押しかけてきた。

事務所に、黒い服を着た四、五人がどどっと入ってくる。リーダーらしき男が大声を出す。「きょうも社長の坂本はおらんのか〜」と。ちょうど坂本は事務所の奥の部屋で事務作業をしていた。

「〝坂本はわしじゃ。ここにおるで〟と出て行った。からだの大きそうな男が親分さんと思って、〝あんた山まできてもらったそうで、わしおらんで、ご無礼なことしたな。で、話はなんでしょ〟。〝ここは筋を通して手に入れ、なんとか農業で農地を再生させたいと思っているんだが、何が不満なんでしょ〟って。向こうは農業のことが分からんから、訳の分からんことを言って。わしは別にそんなのでビビったりはせん。〃あんたら、いったい、何が言いたいんか〃って。そう言ったら、〃またくるわ〃って帰っていった」

この時の対応は右翼の人々を感心させたようだ。しばらくすると、街宣車のアナウンスが変わった。「坂本多日は思ったほどの悪ではなかった」と。

「ははは。それで、街宣車のいやがらせが止まったんだ」

これには後日談がある。話がその筋で伝わったのだろう、宇部や下関、周南、益田市から、コワモテの右翼のトップと若手が坂本のところに相次いで訪ねてきた。「坂本先生。我々の顧問になってください」と。

## 「花の海」スタート

山陽小野田市の埴生地区は海に飛び出した格好になっているため、普通に屋外で栽培すると潮や台風で野菜や花がやられてしまう。ならば、とビニールハウスの施設園芸をやることにした。スタッフは前島ほか、船方農場から自立を希望していた二人を出し、坂本が日本農業法人協会で知り合った木之内均の木之内農園からも一人が参画した。

この四人はまだ若い。カネも金融機関の信用もない。そこで船方総合農場など既存の法人と坂本らが連帯保証人となり、農業生産法人「花の海」を設立した。

二〇〇三（平成一五）年六月のことだった。出資者が、坂本ら個人株主八人と船方総合農場など三法人。初期の設備投資額に二〇億円がかかった。

社長は坂本、専務には前島が就いた。前島が、その新天地を初めて見た時、セイタカアワダチソウやクズが繁茂していて、農地が泣いているように見えた。

夕方。はるか彼方には関門海峡が見える。そこにオレンジ色の夕陽が沈んでいた。堤防と消波ブロックに埋まった海岸の向こうには群青色の瀬戸内海が広がる。

何隻かの船がゆく。飛行機のジェット音が聞こえてくる。潮風がほおをなでる。前島は小声で言った。

「わくわくする気分だった。ぼくはあの日のことを忘れない。ただ二〇億円の借金は、こわかった」

「花の海」。山口県山陽小野田市埴生。近くの下関市小月には海上自衛隊の小月航空基地があり、山陽新幹線と在来線の山陽本線の厚狭駅から車で十五分ほどである。

施設面積が五ヘクタール、巨人の本拠地の東京ドームの敷地より若干広いスペースである。そこにビニールハウスが建てられ、ミニバラから苗生産施設、イチゴ、ブルーベリー園、交流施設までが並ぶ。事業の柱は三つ。①苗物事業（野菜苗・花苗などの生産受託と野菜苗・花苗などの契約販売）②ミニバラ事業（ポットローズ〈鉢バラ〉の生産販売）③交流事業（観光イチゴ園と直売・飲食・体験）――となっている。

「花の海」は準備期間を経て、三年目の二〇〇五（平成一七）年から一部稼働した。この年は売り上げ高が一億七千二百万円、翌年の〇六（平成一八）年には一気に倍の三億四千七百万円にアップする。以後も順調に数字を伸ばし、一一（平成二三）年は十億二千五百万円とついに十億円を突破した。

従業員も年々増加し、二〇〇五（平成一七）年が正社員が一四人、臨時雇用・パートは七七人のトータル九一人になった。一一（平成二三）年は正社員が二二人、臨時雇用・パートは一六〇人のトータル一八二人。

前島が少し得意げに言う。

「花の海で利益が出せるようになったこともあるけれど、地元の人にとって、一五〇人、二〇〇人の働ける場所ができたのは大きいと思います。年齢は一八歳から七〇歳代後半。若い人も結構、多いですよ」

青色の作業服、几帳面な性格なのだろう、白いワイシャツのボタンが一番上まで留めてある。そういえば、と前島が言葉を足した。

「最初の頃、バングラデシュ人のバラの専門家がいた。バラの品種改良に精通した人だった。雇用形態も規模も国際的だったんです。やがて海外のバラの育種会社にヘッドハンティングされてしまいました」

## 自慢は普通の会社

専務の前島は気の休まることがなかった。設備投資で巨額の借金を抱えている。計画生産だから、万が一、不測の事態が起きようものならとんでもない迷惑を関係者にかけることになるからだった。

「苗物にはそれぞれお客さんがついている。失敗したら、お客さんに怒られるし、多大な迷惑をかける。もう次の年の注文はこなくなる。計画生産というのは、決められた時期に決められたものが納品できないと、例えば農家さんはトマトの収穫物がなくなるわけです。農家の生活にも影響を与える」

借金は綿密な返済プランに沿って、堅実に返済されてきた。とはいえ、借金の完済にはあと十三年はかかることになっている。

「花の海」の自慢は。

「普通の会社だということです。農業における会社なんです。社員、パートで二〇〇人前後の人が働いている。一般的な会社であって、普通の雇用形態があって、昇給制度も導入されている。生産マニュアルがあって、総務がおって……。社員がおって、社員ががんばれば、社長にまで上り詰めることもできるんだ」

この普通のことをやるというのが、農業にとってはとても難しいのである。

前島が言葉を足す。

「私が十七年前に夢を描いて船方農場に入ったように、農業という生産現場をやりたい人間に、より解放したいのです。優秀なやつというか、やる気があって頑張るやつ、そういった人間が経営者の道を当たり前に上っていけるような場でありたいのです」

正社員の採用は年に平均二人である。目下、年に二〇～三〇人は入社を希望してくる。中途組もいる。筆記試験ではなく、一週間ほど、現場で一緒に作業をしてもらう。

「現場体験です。そのあと、面接をする。自分が思い描いていた職場と同じかどうか、あるいは僕らも仕事ぶりを見させてもらう。仕事に向いているか、向いていないか。それらを見て、社長が最終判断する」

できるだけ、働きがいのある職場を提供したい。意欲があれば、実績を残せば、どんどん出世もできる。そんな企業並みの職場環境を目指している。

「もちろん、この次の専務、社長を狙っていい。第二の花の海をつくってもいい。意欲のある人、能力のある人が出て行って、地域産業をつくり上げてほしいのです。わたしだって、こういったチャンスを坂本社長に与えてもらった。自分でチャンスを活かしてきた自負がある。ただ大事なのは、そういったチャンスがないと何も始まらないことです」

たしかに前島には農学の基盤はあった。技術的な部分、マニュアル的な部分。だが、いくら農学を極めていても、現場で活かせないと意味がない。そう思うのだ。

要は野球でいえば、と前島は例えた。

「坂本社長は、野球場をつくってくれた。そこでわたしは技術や感覚を磨いて、強いチームをつくったのです。いちおう、三割バッターぐらいにはなれたのかな、と思います」

「花の海」は国際競争も視野にいれている。「国際競争には」と言って、前島はしばらく、黙りこんだ。

「価格に対する単純な価値もあるでしょう。でも、苗作りでいえば、価格だけじゃなく、安定感を含めた信頼をおいてもらえる苗作りが大事だと思っています。農家さんに苗を頼まれて、一週間遅れたり、出来の悪い苗がきたりしたらどうする。苗を託す信頼、信用、これは国際競争を勝ち抜くカギなのです」

## 人生、五つのプロジェクト

坂本多旦にとっては、日本の古来の農業の在り方に対する挑戦だった。
「朝は朝星、夜は夜星。暗い時から暗い時まで働くのが農家だった。家族経営の農家を変えたいと頑張ってきた。一九六九（昭和四四）年に農業法人をつくったから、もう四四年が経つ。日曜日は休むといってきたけど、現実は日曜日にも仕事をしないと農業の責任は果たせないんだ」

確かに船方総合グループは巨大になった。六次産業化をやり遂げ、軌道に乗せた。「船方総合農場」と「みるくたうん」、「グリーンヒル・アトー」、「花の海」、「みどりの風協同組合」を合わせると、実に二三〇八人（平成二十三年度）の人々が働いている。うち正社員は六十五人。内訳は農家出身が二〇人、非農家出身が四五人である。この数字はとても興味深い。

そしてグループでは十六億六千三百万円の売り上げを計上した。でも、と坂本は顔を曇らせるのだ。

「新しい農業の時代に入ろうとしている。その実感はある。ここまできたのは間違いじゃなかった。でも、社員の平均年俸はまだ三百万円台にとどまっている。給与に直接表れない株式なども渡すけれど、いずれ年俸を今の倍くらいにはしたいのだ」

国税庁が発表した『民間給与実態統計調査』によると、全国の平均給与（二〇一一年度）は四百九万円となっている。山口県では四百二十八万円。全国平均を業種別にみると、「電気・ガス・水道」が最も高い七百十三万円で、「農林水産・鉱業」は二百八十四万円だった。五〇〇〇人以上の大企業になると、平均年収は五百六万円となる。ちなみに山口銀行の平均年収は七百三十七万円となっている。

「花の海」で頑張っている社員は、大学を卒業して十年、農業に携わってきたけれど、年間給与所得だけをみると、大企業の社員には大きく見劣りする。だから、まだ成功かどうか分からない、とつぶやく。売り上げを倍にするということは、田を倍にするか、牛を倍にするしかない。農業の収益を上げるというのは難儀なのである。

「よくここまでこられたな、とは思う。でも自慢できる話は何もない。まだ社員の給料が低いから……」

坂本には、目指す「人生五つのプロジェクト」がある。

①農業法人船方農場
②六次産業化
③花の海
④いのちの里づくり
⑤東京農場

「まだ我が人生の仕事は完成していないんだ」――

二〇一二（平成二四）年の今も、模索は継続中だ。ただいま七二歳。坂本多旦の農業革命は道半ばなのである。

# 第三章　東京の農業

## 1　東京の農業の歴史

### 農地激減

大都市東京の農業の戦後史は、まさに日本の農業の戦後史の縮図といってもいい。すなわち、都市と農村の関係であり、土地を利用する工業・商業・住宅と農業との関係である。

「悔しい……」

東京都庁の産業労働局の担当部長の武田直克はそう、ぼそっとこぼした。東京・新宿の都庁第一本庁舎の南側三一階の会議室。東京の農地は都市化の激しいうねりの中、激減の一途をたどり、いまや農地（耕地）面積は東京全体の面積（二一万八七六五㌶）のうち、わずか三％の七六七〇㌶（平成二二年度）で、全国最低となっている。内訳は水田が二九九㌶、普通畑は五六八五㌶、樹園地一六九〇㌶である。

その農地の減少の数字に触れるたび、東京の農政に長くかかわってきた武田は胸が痛くなる。武田は一九七八（昭和五三）年、東京都庁に入庁したから、ざっと四半世紀、東京の土地利用の変容をつぶさに見てきた。

「東京の農業は何はともあれ、都市と農業のせめぎ合いの最前線なんです。農地があっという間に宅地に変わっていくところを何度も見てきました。ああ、また緑が減ったな、という感じですね。私は農業関係の男ですが、東京のまちづくりにも夢を持っています。都市の貴重な緑地空間である農地が無秩序に減っていくのを見るのは、やっぱり悔しいのです」

## 地租改正、農地改革——解放された農地が売られてしまう

東京の都市農業の変容を簡単に振り返る。

江戸時代、江戸の人口は百万人前後であった。以後、日本の首都、東京と名を変え、明治、大正、昭和、平成となっても、人口は増加してきた。一九二三（大正一二）年の関東大震災や一九四五（昭和二〇）年に終わった太平洋戦争による戦災など、時代による紆余曲折があったにせよ、その肥大化は変わらなかった。

明治時代といえば、現在の東京の旧東京市（麹町、神田、日本橋、京橋、深川、本所、浅草、下谷、本郷、小石川、牛込、四谷、赤坂、麻布、芝の一五区）以外は、江戸時代から近郊農業地帯

であった。ざっと現在の東京都の全市街区域の五割強が農地だった。ここでは、下肥や塵芥、灰などを引き取り、これを肥料として野菜や果物、花、植木などの農作物を市民へ供給してきた。

特に東部の南足立や南葛飾（現在の足立区、葛飾区に相当）の二エリアは江戸川や利根川による肥沃な沖積土壌に覆われた土地が広がり、野菜生産を中心にコメも栽培していた。例えば、江戸川と中川の間にある小松川という地域で古くから栽培され、将軍徳川綱吉が鷹狩りにきた時に食し、命名したと伝わる小松菜などが有名である。

西部の荏原、南豊島、東多摩、北豊島の四エリア（現在の品川区、渋谷区、新宿区、中野区、杉並区、豊島区、北区、荒川区、練馬区に相当）は火山灰の関東ローム層の洪積台地で、耕土が軽く、深いため、根菜類と芋類が中心だった。練馬大根ほか、ニンジン、サツマイモ、サトイモなどである。

明治政府の当初の勧農政策は、欧米先進国の農業技術や知識を輸入するとともに、国内の篤農家の農業技術を広く普及して、農事改良を図ることだった。その趣旨に沿って、内藤新宿試験場、三田育種場、駒場農学校が設立され、東京府内の栽培方法をまとめた東京府下農事要覧も編さんされたのである。

また明治政府は農民の土地所有権を認め、一八七三（明治六）年、租税改革として「地租改正」を行った。これは農家にとって、もっとも大きな変革だった。江戸時代に各藩で異ななった石高制の貢租制度から、土地租税制度へと変革したのだ。土地の売買を自由にし、農地の所有者を確定するため、測量、収穫量調査、地価算定を行った。

武田が説明する。

「簡単にいえば、農家に土地所有権を認めて、耕作権も認めたということです。土地をきちんと持って、自分で耕作して、キャッシュで税金を収めたということです。農地の所有権を確定するため、測量されてどれだけの収穫があるから、〝この土地はいくらぐらい〟だというのが決まっていったのです。もっとも、いくら土地所有が自由といっても、土地を買うことができる人とできない人がいた。つまりは、カネがある人は買っていいですよ。持ってない人は貸しますよ、ちゃんとお金を分割で払ってくださいといった感じだったのでしょう」

こうして、明治維新以降の政府の経済、財政政策により商品経済の進展と土地売買が進み、土地を集積した大地主と、土地を売り零細化する農家との格差が拡大していった。

このような、地主、小作の関係は日本農業最大の構造的弱点と認識されるようになった。そこで政府は、小作料の統制や生産奨励金による小作農の立場の強化により自作農創設へと取り組んだ。

さらに戦後、連合軍総司令部ＧＨＱによる数次の「農地改革」が断行された。結果、戦前の地主、小作体制が崩壊し、自作農体制が創出されたのである。

「農地改革で小作に一ヘクタルずつぐらい売り渡していったんですけど、その後、東京の人口が倍増していくんです。農地を売って宅地化したほうがカネになるといって、農地をどんどん売ってしまったのです」

## 都市が膨らみ、農村が縮む

焦土と化した東京の戦災復興都市計画では、市街地（今の東京二三区）の外周には農地、山林、原野などのオープンスペースを確保するため、「緑地帯地域」（グリーンベルト）が計画されていた。だが、耕地整理もされていない農地に多くの住宅が形成され、都市の外延化を抑制することはできなかった。

都市とは、政治・経済の中心であり、人口が集中する「場」である。一方、農村とは、農業を中心とした生産と生活が分離していない「場」である。

戦後復興期から、東京は政治・経済の中心都市として、人々を吸収し続けてきた。工業地も拡充していく。商業地もひろがっていく。結果、多くの人々が住む「場」を求めて都市が膨張していく。人々が生活を営めば、子どもが生まれ、さらに人口が増加する。商業が発展し、大都市の東京は膨れていった。「郊外」も外へ外へと押し出されていった。

すなわち都市が膨らみ、農村が縮むのである。やがて、都市と農村が明確に区分して意識されるようになってくる。

一九五三（昭和二八）年、東京都は、現在の二三区と四市（武蔵野・三鷹・立川・八王子）、北多摩郡五町五村、西多摩郡四町一六村、南多摩郡三町一四村、プラス島しょ部で構成されていた。

## 人口激増——田畑が住宅地に

ここで東京の人口動態を見てみたい。東京都の人口は、終戦の一九四五（昭和二〇）年一一月一日、三四八万人だった。映画『ALWAYS三丁目の夕日』の舞台となった一九五八（昭和三三）年には八八二万人に膨らみ、一九六二（昭和三七）年にはついに一〇〇〇万人を超えた。

『ＡＬＷＡＹＳ三丁目の夕日』の舞台は東京タワーの建設時であり、一九六四（昭和三九）年の東京オリンピック前の東京である。映像の中、子どもは泥濘の道や空き地で遊び、大人も道端で話し込んでいる。かかり付けの医者が酔っ払って野原に倒れ、タヌキに土産の焼き鳥を食べられてしまう。まだ、そんな牧歌的な時代だった。

本作の三作目『ＡＬＷＡＹＳ三丁目の夕日'64』は東京オリンピックの年のスケッチである。国際化と経済大国への道を切り開いたオリンピック。ラストのメッセージが「東京の空は広かった」であった。その後、東京は空に向かって高層建築を建てることにより、居住空間をどんどん増やしていくのである。

これら一連の映画の時代の実際の数値をみれば、一九五八年から一九六四年の六年間で、東京の人口は八八二万人から一〇六三万人に増えた。商業地が二七六四㌶から三二八〇㌶、工業地は四一四七㌶から五一一二㌶、住宅地は一万九四一三㌶から二万四六一七㌶へと拡大した半面、田が八二九二㌶から六五九八㌶、畑は三万三七五一㌶から二万五〇〇三㌶へと減るのだった。

流行歌『シクラメンのかほり』がヒットした一九七五（昭和五〇）年、東京都の人口は一一六七万人となる。この年、国土庁（現、国土交通省）が『過疎白書』を発表した。国土の四一・三％、市町村の三分の一が過疎地と指摘された。

東京の人口は一九七六（昭和五一）年～八〇（昭和五五）年にかけて毎年微減した後、再び増加傾向となり、二〇一〇（平成二二）年には一三〇五万人となった。

では、こうした人口増加に伴う土地利用はどうなっていたのかを知るため、固定資産税評価基準の地目別面積の推移をみてみたい（固定資産税評価基準地目は必ずしも実際の使用実態に対応したものではないが、経年変化の傾向を確認するには問題ない）。

東京都のホームページ（公開）によると、一番古いものが一九五三（昭和二八）年時点で、総対象面積のうち、田が一五・三％、畑は二九・六％、山林三一・三％となっており、緑地がトータルで七七・二％を占めている。商業地は二・三％、工業地が三・二％、住宅地一五・三％にすぎない。

これが戦後初めて貿易黒字となった一九六〇（昭和三五）年に田は七・一％、畑が二七・八％、山林三〇・七％と減った半面、商業地は二・四％、工業地が三・七％、住宅地一八・四％と拡大。一九七五（昭和五〇）年には田は二・五％、畑が一二・八％、山林二八・一％とさらに減り、商業地は三・二％、工業地が五・〇％、住宅地三一・一％と増えた。

二〇〇五（平成一七）年は、田が〇・四％、畑は八・四％、山林二四・三％と激減し、商業地は二・六％、工業地が三・八％、住宅地四六・九％と大幅に膨らんだ。趨勢的にみれば、商業地、工業地はほぼ同水準で、田畑が住宅地に転用されたということである。

## 都市農業は存続させない風潮漂う

こうしたうねりの中、「もはや戦後ではない」と誇らしげに『経済白書』が宣言した一九五六（昭和三一）年、日本住宅公団が「徳丸が原」と呼ばれた農地三三〇㌶を買収し、一大団地を建設する計画を進めた。一九七二（昭和四七）年、そこには「高島平団地」として入居が始まった。

団地は都会の文化生活のシンボルとされ、「ダンチ族」なる言葉も生まれた。ダンチ族は新しい都会の中堅庶民層。もはや飢える心配のなくなった人々は団地生活にあこがれ、垂直方向に住戸が重なる団地の建設ラッシュを迎えることになる。

一九六五（昭和四〇）年には乱開発を防止する目的もあり、一体開発を志向する「多摩ニュータウン計画」が決定された。まさに歯止めなく、農地がつぶされ、住宅地に転用されていったのである。

ついでにいえば、法制面では、一九六八（昭和四三）年の都市計画法の改正により、市街化区域・市街化調整区域が地方公共団体により設定されることになり、市街化区域から農地が追い出されることとなる。たとえ近郊農業は許容しても都市農業は存続させない。そんな風潮が漂っていた。

東京都庁で農政一筋の武田は思い出す。

「いつのまにか、農地が住宅地に変わってしまうのはしょっちゅうでした」

例えば、国立市の中央自答車道の南側は、かつて広大な水田地帯だった。だが平成時代になってから、あっという間に開発されて、家屋や工場がどんどん建ち始める。あるいは三鷹市の北野地区には一面のキャベツ畑がひろがっていた。こちらも同じ頃から櫛の歯が欠けるように畑が住宅地に変わっていった。

「また緑が減った、また減ったという感じでした。やはり都市計画というものと、農業、農地というものは、共存させていかないといけないな、という行政のポリシーを大事にしたい。いわゆる乱開発は許せないのです」

東京の農業者は、先祖からさずかった農地を保全し、次世代に引き継ぐことを基本としている。だが、その農地がたまたま都市化の激流の真っただ中にあるため、そこで農業を営む人々が肩身の狭い思いをする日々が続いているのである。

特に一九八六（昭和六一）年〜九一（平成三）年のバブル景気の頃の農業者への風当たりはひどかった。全国紙の社会面に葛飾区あたりのネギ畑の写真が載り、「こんな地価の高い土地でネギなんか作っていいのか」というようなコラム記事があったぐらいだ。

武田が嘆く。

「もう農家バッシングです。農業がワルモノになっていました。東京で農業をやるのはまず、いけない。地価が上がっているところで、農作物をつくるのはもったいない、といった風潮でした。農作物は他の土地から入れればいいじゃないか。つまり市街区域は全部宅地化すればいいという理論でした」

## 2　新しい東京農業

### 農地も緑地のひとつ——農地の切り売りで相続税負担

バブル景気が始まった一九八七（昭和六二）年の頃、東京都庁の農政部門にいた武田は農業の現状把握のための大がかりなアンケート調査に乗り出した。

各区市の農業委員会にお願いし、農家の一軒一軒に調査票を出してアンケートをとった。同時にセスナ機を飛ばして、東京の航空写真を撮影し、農地の状況を空から調べた。

「驚きました」と、武田は思い出す。

「東京都区部（二三区）でも周辺部には農業がちゃんとある。都心部からの距離が近い農家ほど熱心に農業をやっていました。平均年齢も五〇歳代後半と今と比較すれば若かった。やはり区部の人たちは、市場が近かったし、先祖代々の土地を守ってきているという信念があったのでしょう」

だが住宅地化の流れには抗しきれず、バブル期、農地はどんどん減っていった。

都市計画法の市街化区域内では、公園は緑地であるが、農地の位置付けは曖昧であった。だが、一九九一（平成三）年、市街化区域内のすべての農地を対象に、保全する農地と宅地化する農地を明確にするため生産緑地法が改正された。これによって緑地としての継続性が曖昧だった農地は、都市計画法の地域地区に生産緑地地区として位置付けられるようになったのである。

生産緑地地区とは、生産緑地法に基づき、市街化区域内の農地のうち、面積五〇〇平方《メー》《トル》以上で現に農業が行われている農地や採算放牧地など農業生産の場として優良なもの、緑地として機能が高いもの、将来的な公共施設用地としているものなどで区市長が指定した農地をいう。同地区に指定された農地は農地課税となり、生産緑地を相続して農業を行う人は相続納税猶予制度の利用が可能となる。また、主たる従事者が死亡等の理由により従事することができなくなった場合や、指定後三十年を経過した場合において区市長への買い取りを申し出ることができる。（農林水産省ホームページ）

簡単にいえば、国が法律では、自分たちで農業をやる農地と、これから宅地化する農地を分けなさいと謳ったことになる。もし農業をやると決めたところは生産緑地として指定してあげます。むこう三十年間、必ず農業に取り組んでください、という制度だった。

生産緑地地区に指定されると、固定資産税は農地課税となり安くなる。だが、問題は相続税だった。農地や家屋、雑木林といった財産を持つ親が亡くなると、相続する子どもに莫大な相続税がかかった。

武田が説明する。

「市街化区域内の農地というのは住宅地並みで相続税が評価されてしまうので、一㌶ぐらいでも、下手すると相続税が六億円、七億円もかかってしまう。農地だけでなく、屋敷や庭、雑木林を加えると、一・五ヘクタール、二ヘクタールにもなる。もう相続税を払うのは無理です」

もし子どもが農業を続けるのであれば、農地に関しては相続税が猶予されることになる。すると、六億円が三億円ぐらいになる。でも、とても三億円も払えない。結局、農地を切り売りしないといけなくなる。

「いくら生産緑地地区に指定されても、切り売りしないといけない農地が出てくる。そういたしますと、東京で農家が三代も続けば、土地はなくなります」

こうなると、日本の土地利用政策の問題となる。大ざっぱに説明すると、まずは都市計画法というのができて、日本の土地を都市的にするのだという発想になった。地面に架空の線をひき、ここは都市だと指定し、「都市には農業はいらないのだ」と宣言したようなものだ。

都市から農家は出ていきなさい。公園は必要だけど、農業は都市から遠く離れたところでやればいいのだ、と。

だが、東京で先祖代々農業を営んできた人々は反発する。そこで税制の特例措置が生まれた。つまり農業をやりたい人、やってもらいたい人と、農業をやめてほしい人たちとのせめぎ合いが続くことになる。

**農地は防災、癒しの効果も**

日本の土地利用を定めている法律には、まちづくりを計画的に行うための「都市計画法」と、農地利用を規定する「農地法」「農業振興地域に関する法律」がある。

二〇一三（平成二五）年現在、都市計画区内での緑地は、公園や霊園など地方公共団体が土地の権限を取得して整備や管理をする「公共空地」と、緑地保全地区や生産緑地地区、風致地区など法令等の規制により緑地が保全される「地域制緑地」とに位置づけられる。

緑地保全地区とは、都市緑地保全法に基づき、都道府県知事や市町村長が指定する無秩序な市街化の防止や公害・災害の防止に役立つ緑地や、地域住民の健全な生活環境を確保するため適正に保全する必要がある緑地をいう。

また風致地区とは、都市計画法八条に基づき、丘陵・樹林・水辺地などの自然的要素に優れた土地、歴史的建築物のある土地や郷土的に意義のある土地、樹木の多い住

宅地などに対し、自然景観の維持を図るための地区を指す。（農林水産省ホームページ）

二〇〇九（平成二一）年四月、全国で公共空地のうち公園緑地は四八七八㌶になっている。一方、地域制緑地では、近郊緑地保全地区、緑地保全地区、緑地保全地区などの合計が二三六二㌶となり、生産緑地地区が三五六五㌶、風致地区三五七二㌶となっている。

一方、都市計画法では、今後十年間に開発する「市街化区域」の他に、開発を抑制する「市街化調整区域」を定めている。他の道府県だと、市街化調整区域または都市計画を計画していない地域に「農業振興地域」を設けている。

農業振興地域は農業を専門的にやっていきましょうという地域で、農林水産省から補助金が出て、耕地整備も機械の購入にも支援がなされ、農産物の増産に向かうこととなる。だが東京都の場合、一九六八（昭和四三）年、都市計画法が改正された時点で、暗に東京のほとんどの地域は農業とは無縁と判断された。東京の特殊性を考えると、都市計画法による影響は大きい。

いや東京にも市街化調整区域や農業振興地域もわずかばかりだが存在する。それ以外のところの農地は住宅地として開発され、現在ではわずか三％の農地が残るばかりである。

一九九〇年代、バブルが崩壊すると、農地に対する考え方が変わってきた。人口減少と少子高齢化の進展が予想され、開発一辺倒の都市の在り方に対して疑問符が付けられるようになったのである。

都市住民の間でも、都市の中の農業と農地が持つ多面的機能が再評価されてきた。また農産物についても安全な国産品が求められ、災害時の生鮮野菜の地域内供給力など地域での食料生産の重要性が認められるようになり、農業・農地への認識が変わってきた。

また、世代交代した農業者から生産緑地法や農地税制に対し、「今後の都市農業に希望が持てない」との意見が続出した。

いまや国土交通省も、農地というものを、都市施設として認めようじゃないかという考えになったようだ。農地も公園と同じく、防災の時、避難する場所になる。都民、市民に対して、いろいろな潤いを与える施設と認めてもいいのではないか、と。

農林水産省も市街化区域内の農業に目を向け始めた。一九九九（平成一一）年に制定された「食料・農業・農村基本法」では、第三六条第二項において、「国は、都市およびその周辺における農業について、消費地に近い特性を生かし、都市住民の需要に即した農業生産の振興を図るために必要な施策を講ずるものとする」と規定された。

都は「インターネット都政モニターアンケート・東京の農業」（生活文化局　二〇〇五〔平成一七〕年一一月）を実施し、都民の農業・農地に対する意識を調査した。これによると「東京に農業・農地を残したいと思う」が八一％で、一九九三（平成五）年の調査より一五ポイント上昇していた。残したい理由については、「自然環境に役立つ」「生活に潤いや安らぎをもたらす」「食育等子どもの教育上必要」「新鮮で安全な農産物を供給」が上位を占めていた。

このような状況から、市街化区域の拡大を基本としていた都市計画制度の見直しと、市街化区域内の農地の扱い見直しが検討され始めている。

## 活況の市民農園・体験農園

東京の新たな農業の可能性をみれば、一九八九（平成元）年に特定農地貸付法が、一九九〇（平成二）年には市民農園整備促進法が制定されたことにより、区市町村や農業協同組合が開設する「市民農園」が整備されてきている。

市民農園とは、入園者が自由に野菜づくりなどを楽しむことができる小規模な区画貸しの農園をいう。二〇〇九（平成二一）年度末では、市民農園数が四六一カ所、区画数で二九五三九区画が開設されている。

多くの市民農園では、応募者が募集区画の数を上回り、抽選で借り手を決めている状況にある。

また一九九六（平成八）年に練馬区で生まれた「農業体験農園」は、市民農園のような区画貸しではなく、入園者は農園主に農作業の指導を受けながら農業を体験する。言ってみれば、農業版カルチャースクールである。こちらも数がどんどん増えてきて、二〇一〇（平成二二）年度では六一カ所になっている。

東京都庁の武田が説明する。手元の資料の紙の裏に農園の絵を描き、四色ボールペンで色分けしていく。

「例えば、農業体験農園ではこのように農地を三〇平方メートルに区切り、入園者が農業体験する場所を決めて、きちんと教えていくのです。種まきから収穫まで農家が指導してくれる。これが生徒はものすごく楽しいようです。学校みたいになる。だんだん、そこでコミュニティーを作って、交流が生まれていくのです。農作業だけでなく、一緒にゴルフをやったり、お茶飲み会を開いたり、旅行にいったり、どんどん発展していくようです」

通常、農業体験農園は五年間がワンスパンとなっている。「五年過ぎても、もっとやらせてくれという人が八割方いる」という。指導を受けながら、野菜を一年間で二〇種類ぐらい植え付けて、収穫する。一年の利用料の相場が四万三千円。種や農薬、肥料、もちろん生産した野菜も貰える。

体験農園を始めた農家は以前、その土地でキャベツを年に二回つくって、ざっと百万円ぐらいの収入を得ていた。だから体験農園による収入も同等でいいと計算したようだ。また体験農園を借りた人が、作物を自分で買ったとしたら八万円くらいと見積もられている。

「だから両者がハッピーなんです。入園者は作業が楽しいし、技術も教えてくれる。将来ずっと、農業をやっていく人も増えているそうです」

都市農業のメリットはなんといっても、「大消費地東京の優位性」である。武田は言う。

「消費者が近い。いや一番のメリットは消費地の中に農地があるということです。消費者自身が生産自体を見ることができるわけです。だから農家が直接、消費者に売る〝直接販売〟もこのところ伸びてきています。昔は市場出荷だけだった。それがいまや東京では六割方、直接販売なんです」

直接販売することで、消費者が安心さと新鮮さを喜び、利益も上がる。市場の仲介手数料がないから、農家自身が決めた価格で売ることもできる。ただ市場は大量に持っていってもきちんと売りさばいてくれるけれども、直接販売では売れるものだけを作らないといけない。

「だんだん農家が経営というものを考えなければいけなくなってきた。農家が生産から販売、流通までを全部、やらないといけないのです」

今、このような若い農業者が増えている。またＪＡ（農業協同組合）が独自に直売所を設けている地域もある。ＪＡが売り場を提供してくれるから、そこに農産物を持っていけばいいことになっている。

「だけど、消費者の目は厳しくて、（直接販売では）あまり品質のよくないものは売れ残るわけです。それは生産者の責任になります」

結果、農地が広大で、ひとつの作物をたくさん作る人は売れ残りを避けるため、きちんと市場を押さえることになる。ニンジンならニンジン、キャベツならキャベツを五〇アール、一ヘクタルと作る農家はそうしないと、やっていけない。

「直売でうまくいく人は三〇品目以上くらいこまごまと作っていますね。売れ筋は夏の野菜ならトマトとかキュウリとか。葉っぱものは小松菜、ホウレンソウなどです」

**特効薬は東京農場**

二〇一一（平成二三）年の東日本大震災後に国土交通省の審議会である「社会資本整備審議会」の「都市計画・歴史的風土分科会　都市計画部会　都市計画制度小委員会」が中間とりまとめ『都市計画に関する諸課題の今後の展開について』（二〇一二〔平成二四〕年九月三日）を策定した。それによると、都市計画をとりまく社会状況として、次の三点が取り上げられた。

①人口減少・超高齢化
②財政制約・経済の低迷
③地球環境問題とエネルギー制約

それらの状況に対応するため、「集約型都市構造」と「都市と緑・農の共生」の双方が共に実現される都市を目指すべき都市像とするとともに、この都市像を実現するため、都市計画の前提となる民間活動を重要な手段として位置づけ重視していくことが重要としている。

すなわち、「農」であり、「民間活動」の重視をうたったわけである。まさに今昔の感がする。

残念ながら、市民農園、体験農園が盛んであっても、東京の農地は毎年平均で「一〇〇㌶ずつぐらい減っている」と武田は言う。

「東京の農地を増やす方法はなかなかない。農地減少のスピードを鈍らせるだけで精いっぱいです。現状維持ができれば、それだけでうれしいですよ」

やはり農地の宅地や他の用途への転用は止まらない。減少をストップできなければ、発想を変えて開拓するしかない。東京で新たに農地を創出するのである。

「やはり東京を人が住む街、暮らしやすい街にしたいという思いがあります。そのためには農地があったほうがいいんです。人が住む街というのは、単なる住宅ではなくて、緑がふんだんにあり、生産という営みがあって、植物がどんどん育つのを感じ、また収穫して食べる。そんな人間の営みというものがきちんと受け止められるものであってほしいのです」

思えば、バブルが崩壊し、少子高齢化が進んでいる。都市というものが衰退している感がある。これを変えなければならない。

## 新・東京農場構想

東京都庁の武田が、坂本多旦と初めて会ったのは、一九八八(昭和六三)年頃だった。武田は一九七八(昭和五三)年、都庁に入った。最初から農林関係。精かんな顔立ちで、くりっとしたどんぐり眼には強い意志がにじむ。農業に対する熱い思いを胸に秘めているのだろう、とくに東京の農業の話題になると言葉に熱を帯びる。「実直、かつ信頼できる人」というのが周囲の評である。

当時、東京都は、多摩地区の圏央道・青梅インターチェンジ周辺の農業振興地域活性化策を検討していた。農業に観光を取り入れるプランが浮上し、武田は農業公園や民間による観光農場などを視察したほか、坂本が経営する山口県阿東町(現、山口市)徳佐の「船方総合農場」も訪ねた。

武田が述懐する。

「山口の田舎でよくこれだけの農業ができるなと感心しました。坂本さんは、あの頃から六次産業を口にされていた。農業というものを産業として発展させていきたいという意識が私を惹きつけたわけです」

当時はバブル景気の全盛だった。市街化区域の農業が衰退している時で、武田たちは都市農業崩壊の危機感から研究会を開き、都市農業のありようについて意見交換していた。東京の農業を考える上で、坂本の六次産業という着想は当時、斬新なものだった。

一方、坂本はその後、全国農業法人協会の設立のため、東京に出てくる機会が増えてきた。やがて「東京農場開発研究会」なるものを発足させた。カタチは変わっても、農業をビジネスとして成功させる、その狙いは不変だった。

武田がそれに賛同する。

「やはり産業としての農業が必要なんです。農地を守るだけの農業者だけでは、どんどん人は減っていくし、農地も減っていく。土地が農地として凍結されない限り、減っていくことは確かなんです」

言葉を続ける。

「いわゆる生産するという行為が伴った産業をなくしていいのかな、と思います。農業で経済的に儲かる仕組みをつくりたい。農業を中小企業的な概念で考えた場合、どうすれば東京に残すことができるか。農地や生産施設をなんとか手当すれば、生産や加工などは今あるノウハウでできるのではないか。いまの東京の農業者ではない人たちが、これまで農地ではないところで農業をすればいいのではないか。そうすれば、東京の農業という産業の幅を広げていける」

二〇一一（平成二三）年三月の東日本大震災では農地の防災機能が見直された。農地、あるいは農地のビニールハウスに逃げ込んだ避難者もいた。

二〇一二（平成二四）年四月、東京農場実現に執着する坂本は新たな「東京農場構想」を作り上げた。

## 3　十年後の東京の農業

### カギは土地問題

新たな東京農場構想の企画書に目を通し、東京都庁の武田は複雑な表情をつくった。

「内容は絶対、大丈夫なんです。この経営プランはもう、坂本さんが実証していることですから。ただ……」

しばしの沈黙。

「実現性を考えると、ネックは土地問題だけです。土地の確保が一番。土地さえ確保できれば、生産施設は後からでも考えられます」

「東京農場」が東京湾岸に創出されれば、画期的な事業となる。同じような農場がいくつか都内にできれば、ネットワークで連携され、既存の農家を巻き込んだ東京の産業としての農業に発展する可能性も出てくる。

「それは、農作物の販売部門がかなり強化されますので、東京農場で作ったものだけでなく、周辺の農地で作られた農作物も売れることになる。加工できる仕組みまでをつくると、雇用から何から地域産業として成り立っていきますよね」

だが、土地問題が解決されないと、この構想はまったく前に進まない。要は中央防波堤埋立地の持ち主である東京都庁がどう考えるかが焦点となる。

すなわち二〇一二（平成二四）年一二月に新都知事となった猪瀬直樹がどう考えるか、である。東京農場の根幹にある「生命産業」について、新知事がどうとらえ、都民がどう認知するかにかかっている。

東京農場の実現の近道は、都有地という形で、この事業を実施することである。すなわち東京都の事業として生産活動をやっていくのである。私有地より、公有地や国有地のほうがやりやすい。もしくは、所有者と使い方を分離して、所有者は東京都、使い方は公募や民間に委ねることもできようか。

もしも東京都民が生命産業としての東京農場の価値を認め、実現への機運が盛り上がれば展開が変わってくるはずである。

いずれにしろ、十年後の東京の有り様とリンクしてくる。どう東京の農業を考え、発展させていくために、どうやって魅力ある農業経営を確立させるのか、である。

方針が決まれば、東京農場の実現のための知恵も出てくるだろう。

すでに中央防波堤埋立地には公園として「海の森」ができつつある。東京港という大きな海の玄関にあたるゆえ、港湾局も埋立地を開発構想拠点のひとつに組みこんでいる。

二〇二〇年オリンピック・パラリンピック競技大会が東京にくるかどうかでも開発のカタチが変わるだろう。五輪が実現するなら、中央防波堤埋立地の一部に新競技場が造られるから、東京農場構想の第一段階であるコスモスで埋立地の一部を埋めるとか、ヒマワリのじゅうたんを敷くなどのプランも現実味を帯びてくる。

その場合、実施主体は東京都で整備するという話になるだろう。

## 曲がり角の東京――高まる農業への期待

東京の現状はどうだ。

いつの頃からか、東京でも空き家、空き室が目立つようになってきた。放置されている土地・工場跡地も点在するようになってきた。

少々乱暴ながら、産業は空洞化し、日本全体の人口は減少し始めた。なのに高層ビルが次から次に建設される。産業が空洞化すれば工業用地が余ってくる。住宅が高層化されれば空き家が目立ってくる。戦後、住宅地を求めて、郊外へ、郊外へと都市は膨張を続けてきた。いまや郊外には農地が転用のために更地になっているものの、有効活用されていない土地すら点在するようになってきた。

土地自体は動かない。ほとんど減らないし、ほとんど増えない。要は人々がどう活用していくかである。

人類は、定住することによって、土地に手を加えて耕作することを始めた。〝なわばり〟としての土地から不動産としての土地へと転換した。次第に農業から商工業へと用途が広がってきた。

日本では幸いなことに山地は開発が難しいため、山のまま残されてきた。一部では山が削られ、森林を切り拓いて宅地や農用地にすることも行われたが、ほとんどの山が残されている。

いまや東京の右肩上がりの経済発展、人口増加の趨勢は終焉している。ならば、土地の使われ方もこれまでとは違ったものになってくるであろう。

実際、都民の意識も変わってきた。東京都生活文化スポーツ局が二〇〇九（平成二一）年に「東京の農業」をテーマに実施したインターネット都政モニターアンケートによると、東京の農業・農地について、「①残したいと思う　八四・六％（二〇〇五〔平成一七〕年度は八一・一％）」との結果が出た。「②思わない　三・四％（同六％）」「③どちらとも言えない　一一・九％（同一三％）」となっている。

同じ調査で、東京の農業・農地に期待する役割については、「①新鮮で安全な農畜産物の供給」「②自然や環境の保全」「③食育などの教育機能」「④地域産業の活性化（農業と他産業の連携を含む）」「⑤農業への関心の呼び起こし」「⑥生活に潤いや安らぎの提供」の順で求められている。

また農作業体験への意向については、「体験したいと思う　五五・九％」「思わない　一五・六％」「どちらともいえない　二八・五％」となっている。

## 東京農業振興プラン

二〇一一（平成二三）年三月一一日の東日本大震災を体験して、日本はこれからどうするのかが問われている。

二〇一二（平成二四）年三月に改定された東京都の『東京農業振興プラン』は、向こう十年を見据えた計画である。

同プランの骨子は、「第一章・東京農業を取り巻く状況」の中で「第一節・経済・社会情勢の変化」として、「一．転換を迫られる我が国農政」「二．揺らぐ食の信頼」「三．都市農業・農地に対する評価の高まり」を取り上げ、「第二章・東京農業の振興方向と施策展開」で、まずは目指すべき東京農業の姿として「都市生活に密着し未来に向け発展する産業」としている。

その上で、農業振興の基本的視点を「東京農業の持つ潜在力を発揮した力強い農業の推進」とした。農業振興の方向として、次の三点をあげている。

●東京農業の特性を生かした産業力の強化
●都内産農畜産物の安全・安心の確保と地産地消の推進

### ●豊かな都民生活と快適な都市環境への積極的貢献

十年後の東京の農業のイメージはどうか。都庁の武田に問えば、「東京都の政策は、今いる個人の農家の経営サポートをしっかりとすること」と答えた。

今のペースで東京都の農地が減り続ければ、十年後の二〇二二年には六〇〇〇㌶ぐらいになりそうだ。農家の経営をしっかり見て、農地を少しでも減らさない対策を練るしかないのである。

### 今後の都市農業とは――産業としての東京農場

ここで、今後の都市東京の農業の進むべき方向を簡単にまとめてみたい。

東京の農地等基盤整備や農業の技術、農業者自身の経営能力等は、国内でも海外でも通用する水準である。しかし、国の農業政策や農地制度が東京農業の進化を阻んできた。

東京農業が、日本の食料問題や環境問題の解決に貢献するために、都は、農業を効率よく発展させる環境づくりを進めなければならない。東京の農業を成長産業として位置づけて、現在の農業政策を拡充することが重要である。

（1）輸送方法の進化により、遠隔地からも大量に市場出荷が可能になり、東京の農業は大市場に近いメリットが薄れ、逆に消費地の中に存在することから直接販売が盛んになった。そして、余剰農作物の加工や摘み取り園、農業体験農園など消費者と直に接触できるメリットを活かしたさまざまな経営形態が生まれてきている。

（2）農地の流動化が難しい市街化区域の中で、東京の農家は自らの経営耕地を活かした事業を展開している。このような農業が展開されていることによって、東京の貴重な都市空間である農地が保全されている。

（3）しかし、市街化区域内の土地評価額が高いため、相続税や固定資産税、都市計画税は、農業収入で賄うことは不可能であり、農地を売却せざるをえない。

（4）このような状況で、東京における今後のまちづくりと農業の方向である「都市と共存した農業・農地」の実現を考えると、法人化や未利用地等の活用による新たな農業関連産業を展開していくことが重要である。

具体的には、基本を農畜産物の生産として、農産加工や販売などを含む多面的機能の発揮（消費者の目の前で生産する食料、消費者が直接購入できる食料、生産体験ができる農場、潤いを得られる農場、公園機能を有する農場）を目指していく。
（5）この取り組みの成果により、地産地消、雇用創出、自給率向上、都市環境の改善、生命の循環を基本とした農業や畜産業のさまざまな機能を都民の暮らしの中に活かし、地域を蘇らせるとともに、避難場所の確保、食料の供給、バイオマスエネルギーの利用などにより、災害にも強い街をつくっていく。
（6）このような取り組みに意欲を持つ人材を確保し、東京都内に点在する農地や未利用地を拠点として整備し、人、物、技術などをネットワークで融合させることにより、新時代の街づくりに産業としての農業を位置付ける。

産業としての農業をつくるとすれば、「東京農場」がその典型となりうる。

誤解を恐れずにいえば、これまでの東京の農家は資産管理、農地管理のための農業が主流であった。これでは発展はないだろう。ここで発想を変え、産業としての農業、儲かる農業を入れてみてはどうだろうか。

それも東京の外から新たな血を入れる。農業体験、市民農園……。いや潮目を変えるためなら、やはりここは東京農場なのである。

# 第四章　東京農業実現化へ

# 1　農業・農政

## いのちのみやこ・東京づくり

標高二八九九メートルの赤岳が紺碧の空にそびえる。二〇〇〇メートル級の山々が連なる八ヶ岳。名峰たちの描く稜線はなだらかで美しく、自然の貴さを教えてくれる。

二〇一二（平成二四）年夏。猛暑の東京を離れ、八ヶ岳に赴いた。羽田空港で坂本多旦をひろい、約三時間半、車を走らせた。

その八ヶ岳の中腹に、岡島正明の白い屋根のこぢんまりした山荘はある。岡島は日本の農業の行く末を憂い、坂本を尊敬する元ラガーである。五八歳。灘高―東大のエリートコースを歩み、一九七七（昭和五二）年、農林水産省に入省した。

約三十年、農政に携わり、農林水産大臣官房長まで務めながら、二〇〇九（平成二一）年、事故米不正転売事件の責任をとる形で、農林水産省を辞めた。

坂本、岡島の共通点は「東京農場」の実現を願っていることだ。「東京農場検討会」と称し、自然に抱かれた岡島の山荘で東京農場を改めて考えることは悪くない。「環境と生命」のためになる東京農場についての意見を交換する場としては最適だった。

現在、世界の人口が二〇五〇年には九〇億人になるといわれ、これからはいかにして食料を確保し、災害から生命を守るかが、人累の大きな課題のひとつとなっている。

八ヶ岳の山荘は真夏でもエアコンはいらない。坂本は言う。

「新しい時代を迎えようとしている現在、これからの東京づくりに生かし活用すべきは、〝生命産業である農業〟しかない。新時代における大都市づくりのモデルとして「いのちのみやこ・東京づくり」を提案したいのです」

だいたい農業とは巷の人に理解されていないだろう。かつては農家出身がゴマンといたから、農業の苦労や作業を実感としてわかっていた。

でも、いまや農家出身者は東京にほとんどいない。新宿の居酒屋で農産物の収穫が話題に上がることはない。農業に対する関心のあり方は、時代によって、その人の立場によって、まったく異なる。たとえば、現在の我が国の消費者にとっての関心事は、安全で安心できる食品の安価でかつ安定的な供給が継続されることである。

消費者に感心を持ってもらうためには、何より農業を知ってもらうことなのだ。

坂本は言う。

「だから東京農場なのです」

東京都民に農業を知ってもらうためには、「東京農場」が必要なのだ。農業に触れれば、きっと安心の目安が生まれることになる。

「生きる根源と向き合うため」。岡島はこんな言い方をした。

「東京農場で、経済問題としての食料・農業問題を解決することはない。ただ人が生きるということについての根源的なものに向き合う大きな一歩となります」

東京農場があれば、人間が自然の中でどう生きていくのか、あるいは作物がどういう風にできていくのか、を知る契機となる。経済問題になった途端、食物が商品となるのである。だから、まずは農業を「生きる潤い」とみてもよい。

## 農政の歴史

食料であれ、農業であれ、そのものとして独立してあるわけではなくて、取り巻く状況に影響されるのも当然だ。農政の歴史に詳しい岡島の言葉を借りる。

「たとえば産業界は、昭和二〇年代、雇用者の生活の安定という観点から、安価かつ安定した食料供給に関心がありました。昭和三〇年代、四〇年代の高度成長期には、労働力の供給源としての農村と農業者の所得向上による市場の拡大、すなわち自らの製品の販路の拡大に関心が高かったのです。その後、国内市場が成熟化し、輸出が増加し貿易黒字が顕在化してくる。そうなると、海外から農産物の輸入自由化を求められるようになってきました。

そして現在は、農業者も千差万別。戦後の農地解放で、ある意味、平等化し、自作専業農家としてリセットされ、リスタートしたのだが、そのまま専業で続けている者もいれば、他に仕事を求めて兼業化した者もいる、いろんな立場の農業者が生まれました。

だから、食料・農業問題といわれても、現時点では食の安全・安心、農産物自由化、農業の国際競争力強化、規模拡大、企業の農業参入、食料の安定供給、価格水準、それから〝美しい農村を守る〟とか、多岐にわたる事柄をあげることができます。

そんな中で、日本の農業の現状に危機感を抱き、もっと素晴らしい日本農業が実現できるのではないか、と感じている人々が多いことも事実です」

農業とは、息の長い「営み」なのである。まず岡島から日本の農業の歩みを説明してもらいながら、現在の日本農業の問題点を整理してみたい。農業からすれば、一世紀などあっという間かもしれない。コメは多くの地域で一年一作。コメをつくるための田んぼ、水の管理のための施設などは、稲作を始めた縄文時代や弥生時代から延々と改良を重ねながら、やっと今日までたどりついた。

田んぼは、ほったらかしにしておくとあっという間に雑草が生え、一、二年すると木が生えてくる。モンスーン気候は雑草であれ人間に有用な植物であれ、ありとあらゆる植物の生育に適しているのだ。

さらには近年のゲリラ豪雨を見るにつけ、治水の大切さや難しさが分かる。これらを人間の都合だけで、人為的に管理していくことはできまい。

**戦後復興期（昭和二〇年代）**

日本の農業を知るためには、農政を知らなければならない。少々長くなるが、大事なことなので、以下は岡島の説明に紙幅を割く。

「第二次世界大戦後の絶対的な食料不足、外貨不足の中で、すべての国民に食料が行きわたるようにするための配給制度の継続、そして、何よりも食料増産が急務だったのです。一般的に、食料が足りない時に食料問題が生じ、食料が余るようになると農業問題が顕在化すると言われています。

日々の食料の確保のため、農業者からの食料の強制徴収と消費者への配給。それと並行する形で存在した「ヤミ市場」、「買い出し」、「タケノコ生活」。人々は食料を渇望していました。海外からの食料の輸入など望むべくもない、国内での食料増産が唯一の解決策でした。

終戦時は、日本国内の農産物価格は国際価格よりも安かった。それでも消費支出に占める食料支出、いわゆるエンゲル係数は、一九五〇（昭和二五）年には五七％に達していました。

とにもかくにも「食料確保そして増産」。それが最優先課題だったのです。

では、そのための制度的な手当てはどうしたか。目的は違えども、手段としては、戦時中に国家総動員法の下で制度化された食糧管理法などによって実施されていました。農地解放については、GHQの民主化目的もあるが、食料増産のためにとられたという側面もあります。そのための法制度としては、一九三八（昭和一三）年国家総動員法公布の翌日に公布された農地調整法を改正して手当てしてしまいました。

農協は、これまたGHQの農村民主化政策の一環として一九四七（昭和二二）年に制定された農業協同組合法に基づいて設立されたのだが、実態としては、戦時下、一九四三（昭和一八）年に、それ以前に存在していた産業組合と農会を国策として統合した農業会を引き継ぐものでした。

すなわち、コメ・農地・農協に関して、制度的には、戦中に整備された制度によって政策が進められたのです。いわゆる「一九四〇年体制」です。

また、一九五二（昭和二七）年には、「農地解放の成果を固定化」するために、農地は自ら耕す者が所有することなどを内容とする農地法が制定された。農業関係の主要法制は、この時期にほぼすべて整備され、今日に至っています。

農地解放は、出し手の地主が一七六万戸、受け手が四七五万戸と、ほぼすべての農家が関係したものでした。この結果、小作地の全農地に占める割合は、一九四五（昭和二〇）年に四六％であったものが、五〇年には一〇％を切ったのです」

農地解放は、農業構造を一変し、かつ、農家の農地所有心理を強固なものにし、それらを農地法が固定化する役割を果たした。

## 高度成長期（昭和三〇〜四〇年代）

『経済白書』が「もはや戦後ではない」と規定したのが、一九五六（昭和三一）年だった。食料供給も少しずつ余裕が出てきて、多くの品目が配給対象から外れ、市場経済に任されるようになった。食料問題が解決に向かい、農業問題が顕在化してきた。日本の経済全体が上向きになり、農業者と他産業従事者の所得格差等が問題視されるようになった。

一九五九（昭和三四）年に岸信介総理の諮問機関としての農林漁業基本問題調査会が設置され、農林漁業に関する基本的施策の確立に関しての論議が始まった。

同調査会の答申では、その頃はっきりと意識されるようになった他産業従事者と農業者の生活水準・所得格差の拡大をもたらす要因として、①農業の生産性の低さ、②交易条件・価格条件の不利、③雇用条件の制約をあげ、これらを解決するための政策目標として、①「自立経営農家」の育成などを目的とする価格政策、②生産性向上と選択的拡大を柱とする生産政策、③零細経営からの脱却を目指す構造政策を掲げた。

さらに、これらの政策を具現化するため、一九六一（昭和三六）年農業基本法が制定された。いわゆる「基本法農政」が展開されることになる。すなわち、専業農家の育成に主眼を置いた政策展開がなされるはずだった。しかし、現実には高度成長の下で、農業を行いながら他産業に従事する兼業農家が増加していった。

農家数を見てみると、総農家数が、一九五〇（昭和二五）年に六一八万戸であったものが、五五（昭和三〇）年に六〇四万戸、六五（昭和四〇）年に五六六万戸、七五（昭和五〇）年に四九五万戸と減少している。中でも、専業農家は、同時期に、三〇八万戸→二一〇万戸→一二二万戸→六二万戸と激減している。

一方、兼業農家は、同時期に、三〇九万戸→三九四万戸→四四四万戸→四三四万戸と、基本法の目指した方向とは逆に増加した。さらには、兼業農家のうちでも、農業が主である家を第一種兼業農家、農業が従である家を第二種兼業農家と分類していた。この時期、第一種兼業農家が減少し、第二種兼業農家が増加していったのである。

なぜかといえば、高度成長による企業の地方進出による雇用機会の増大などの要因も大きい。それとともに、農作業の機械化の進展、肥料・農薬の使用量増加などによる農作業の変化がある。食料増産時代から、あるいは、それ以前から延々と集中的に研究されてきたのが稲作であり、コメが時間をかけずに作れるようになったことが大きい。

稲作十《アール》当たりの労働時間は、一九五〇（昭和二五）年に二〇五時間であったものが、五五（昭和三〇）年に一九二時間に、六五（昭和四〇）年に一四〇時間、七五（昭和五〇）年には八一時間になった。

稲作は、田植えや収穫時等の特定の時期に集中的に労働投下する必要があるが、それ以外の時期の労働力をどう使うかということを、かつては裏作などで対応していたのが、企業の地方進出があり、兼業が進んでいったのだ。また、こうしたことから、じいちゃん・ばあちゃん・かあちゃんの三人で行う「三ちゃん農業」も可能となった。

結局、基本法農政の目標の一つ、「自立経営農家の育成」および「構造改善」は実現しなかった。

一方、もう一つの目標である「需要に応じた選択的拡大」すなわち、畜産等の生産拡大は進展した。国内農業総産出額に占める割合は、コメが五五（昭和三〇）年過半の五二％であったものが、一九六〇（昭和三五）年四七％、七五（昭和五〇）年三八％へと減少している。この同じ時期に、畜産は一四％から一八％そして二七％に、野菜は七％から九％そして一六％に、果実は四％から六％そして七％にそれぞれ増加している。

こうした中で、コメの国民一人当たり一年の消費量が一九六二（昭和三七）年の一三〇・四㌕をピークに減少傾向に転じたにもかかわらず、食糧管理法の下での米の政府買入価格は物価上昇等に対応して上昇し、一方、政府からの売渡し米価は、消費者の家計に配慮する形で低く抑えられてきた。

この結果、生産と需要のミスマッチが拡大するとともに、政府の「売買逆ザヤ」などによる財政負担の増加、さらには、各年の生産過剰の累積による過剰米の大量発生とそれを処理するための莫大な財政負担をもたらすことになった。

## 貿易収支黒字定着期（昭和五〇～六〇年代）

国内市場が飽和化した工業製品は輸出産業として外貨を稼ぐようになった。日本の貿易収支は、一九六〇（昭和三五）年に戦後初めて黒字になるのだが、オイルショックなどもあって、赤字に転じたりもする。

そんな中、一九七三（昭和四八）年変動相場制に移行した。八一（昭和五六）年以降は、貿易黒字が定着するようになる。農業界では、基本法が目指した自立経営農家は増加せず、兼業がますます深化していく。

「黒字減らし」のための日本の農産物市場開放が内外から主張されるようになり、それに対応していろいろな対策が講じられた。そうした結果、当然のことながら、自給率は低下していった。

たとえば、一番代表的な指標であるカロリーベースでの自給率は、一九六〇（昭和三五）年に七九％であったものが、七一（昭和四六）年に五〇％台に突入し、八八（昭和六三）年五〇％で、平成年代に入ってからは五〇％未満で推移している。

また、重量を単位とする穀物だけの自給率は、同じ期間、八二％から四六％そして三〇％へと低下し続けている。

## バブル崩壊後～平成年代

バブル崩壊後、グローバル化が進展する中で、日本の経済はデフレ基調で推移し、明確な経済成長策が見いだせないまま雇用不安だけが増し続けてきた。

そうした中で、農業を成長の起点にする、あるいは、雇用の場として再評価する兆しも出てきている。一九九三（平成五）年にガット、ウルグアイラウンド交渉が合意し、WTO体制が確立された。これらも受けて、九九（平成一一）年、食料・農業・農村基本法が制定された。六一（昭和三六）年に制定された農業基本法と比較してみると、農業政策だけではなく、食料政策、農村政策にも視野を広げた総合的な基本法となった。

食料政策については、「国内の農業生産の増大を図ることを基本とし、これと輸入および備蓄とを適切に組み合わせなければならない」とされ、食料自給率の「向上を図ること」が強調されたことが特徴的だ。

食料供給もグローバル化し、我が国のかなりの農産物は世界市場での競争に晒されるようになった。日本が飽食社会と言われて久しくなり、食料廃棄物が問題視されるようになってもきた。飢えた人は少数に転じ、肥満が社会問題となり、メタボ検診まで始まった。人々が農の現場から離れていく、また、食料が商品として世界を駆け巡っていく、それも一つの大きな要因となって、食の安全・安心に対する疑念が高まってきたのもこの時期の特徴的なことではないか。

そうした中で、農業者の高齢化もあり、コメ以外につくるものが見当たらないことなどから、耕作放棄地の増加が顕著となってきており、直近の二〇一〇（平成二二）年には、三九万五九八一ヘクタールと、埼玉県の面積を上回り、国土面積の一％強、耕地面積の八・六％に当たる耕地が使われずに放棄されるようになってきた。

## 2　地球再生のシンボル

### 自然と共生

農業や食料に限らず、政策とは、今ある問題を解決するために措置を講ずることである。問題は突然起きたわけではなく、時間の重みを持って生じてくるものだろう。政策、対策を講じたとして、それが「花開く」のにも時間がかかる。よく経済学の部分均衡分析で「他の条件は等しいとして」という前提を置くが、そんなことは、現実社会ではまず、ありえない。

岡島の説明を続ける。

「農政批判で特徴的だと思うのは、昭和年代は、「猫の目農政」と揶揄されていたことです。それに対して、平成になるとスピード感が足りないと批判されます。

もちろん、どちらにも正当性はあるが、その根底にある農業に対する時間軸が正反対なのです。これは、国民の過半が農業に携わっていた時代に共有していた農業に対する時間感覚から、高度成長期に農家の次男、三男が都会に出てきて、どんどん農家や農村とは離れてきてしまって、その子ども世代は都会育ちになったことが大きいのではないでしょうか」

農業とは、生命総合産業なのだろう。それを工業製品と同列に、人間が管理し尽くしていく方向でこれからもチャレンジしていくのか、それとも自然に寄り添っていくのか。戦後農政は今日に至るまで、どちらかというと工業化路線できたのだが、そのこと自体も問い直してかからなければならない。それは、農業問題だけではなくて、現代社会全体に対して、「自然を支配する」のか「自然と共生する」のかという形で問いかけられているのである。

食料問題、農業問題をとらえる原点を人間の生活に置くのか、それとも、自然の摂理に置くのかというふうに言い換えることもできるだろう。

もちろん、農業といっても、千差万別だから、工業化に馴染む農業もあれば、馴染まない農業もある。一口で「農業は」と言うこと自体、無理があるのかもしれない。

農業について経済的側面からとらえることも重要だが、農村という社会的側面があったり、文化的側面、国土保全的側面もあったり、非常に多義性を有している。単純に「これが特効薬だ」というような解決策を見いだすのは困難だろう。

ただ、長い時間軸で考えなければいけないのである。今の問題の原因が数十年前のことであり、今講じた政策が具現化するのに、数十年かかるのだから、半世紀、一世紀単位の幅広い視野を持つことが大切とみる。

## 東京農場は人間復興

廃棄物処理法というのがある。これには国民の責務、事業者の責務、地方公共団体の責務、国の責務がうたってある。では食料・農業・農村基本法はどうかといえば、国の責務、地方公共団体の責務、農業者の努力、消費者の役割が記されている。

食料とは自分たちの話である。毎日食事をするのだから、人ごとになってはいけないのである。だから自分の問題として食料問題を考え、同時に農業問題も考える必要があるのである。そのことをきちっとしていくための提案が「東京農場」なのである。

ゴミの山を農場に変える。そうすれば、ゴミの問題は自分たちの問題としてより想像がつき、食の問題にもつながっていく。要は、もっと食の問題を身近に感じようということなのだ。もっと農業の現場を見る。触れる。参加する。想像する。そういうことだ。

坂本は語気を強めた。

「食をもっと大事にしよう。日本はいつのまにか農業をないがしろにし、お金で解決しようとすることばかり。何か大切なものを忘れてしまっている。自分たちは地球上の生き物であるということを思い出してほしい」

なぜ東京農場をあえて大都会につくるのか。忘れかけたＤＮＡを取り戻すためである。人工のディズニーランドの対極が自然の東京農場なのだ。「人間復興」といってもいい。

大阪ではなく、やはり東京なのだ。

「なぜって、それは東京が日本の顔だから。首都だから。東京でやることが日本の姿勢となる。一番早く、国民に伝わるのです」

隣で岡島がうなずきながら、愉快そうに笑っている。

「もう理屈抜き。東京農場って面白い。文明論に近いかもしれない。みんなで人間の原点を思い出す運動のシンボルになるのです」

**ゴミ捨て場が一面の花畑に**

なんといっても、東京湾岸のゴミ捨て場に「東京農場」をつくるという構想が面白い。意味がある。

坂本が頭の中で電卓をたたき出す。ざっと二〇〇㌶。まず表面の土を少し入れ替えて、クリーン作物を植えて、五十年をかけて土を生き返らせる、と真顔で言う。五十年、長い。

「なんの、あっという間よ」

クリーン作物としては、ヒマワリがいい。農業でもうけることはちょっと期待薄だから最初は都税をつぎ込んでもらうことになる。将来の子どもたちのためだ。地球のため、自然のため、である。

「花畑をつくる。ゴミの山が一面、花畑になった光景を思い浮かべてほしい。損得抜き。ワシは涙が出る」

さらには牛を放牧して「実験牧場」をつくってもいい。食肉が難しいなら、子どもたちが牛を接する機会を提供するだけでもいいのではないか。

経済性を考えるなら、うち三〇㌶くらいを「植物工場」にしたらどうだ。坂本は自身が山口で成功させた「花の海」をイメージする。一部を借り上げ、土を水に替えての水耕栽培とするのだ。肥料をトレイの水の中に入れ、栽培するのだ。これなら土質は関係ない。ゴミの山の上でもすぐ、野菜の栽培を始めることができる。

土質をきれいにするクリーン植物は何がいいか。洗浄力があって、美しい花は。コスモス、ナタネ……。何の花が適当かと問えば、坂本は即、携帯電話を取り出した。「花の海」の前島昭博専務の番号を押した。

「のう、前島。東京農場の花の話だ」

余分な説明はいらない。まずは土質調査をして、トラクターで土を耕す「耕起」をする。一カ月あれば十分だろう。

さあ花の種をまく。ヒマワリなら五月にまけば、七〜八月に黄色の花を咲かせる。同じく黄色のナタネなら一〇月に種をまいて、二、三月に花が咲く。コスモスなら、八月下旬に種をまいて一〇、一一月。レッドクローバーなら一〇月に種をまいて四、五月。シバザクラなら三月に満開、ポピーなら四、五月にカラフルな花を咲かせる。

世界中からやってくる観光客やビジネスパーソンが羽田国際空港を離着陸する際、窓外の東京湾岸に一面の花畑を見るのである。なんとゴージャスではないか。

## 3　東京農場の可能性

### 東京農場の多面的機能

多面的機能という言葉がある。世の中は経済的価値だけで動いているわけではない、という意味を持つ。市場で測られる価値、すなわち金銭に換算される価値以外の機能を含むということだ。いわばプライスレスなのだ。

「食料・農業・農村基本法」では「国土の保全、水源の涵養、自然環境の保全、良好な景観の形成、文化の伝承等、農村で農業生産活動が行われることにより生ずる食料その他の農産物の供給の技能以外の多面にわたる機能については、国民生活及び国民経済の安定に果たす役割にかんがみ、将来にわたって、適切かつ十分に発揮されなければならない」と規定されている。

経済学でいう「外部経済」、市場で金銭換算できない価値とでも言うのだろう。日本の農産物の総産出額は、二〇〇九（平成二一）年で八兆四百九十一億円である。これに対して、日本学術会議が二〇〇一（平成一三）年に出した評価額が、たとえば洪水防止機能で三兆四千九百八十八億円、保健休養・やすらぎ機能で二兆三千七百五十八億円、河川流況安定機能で一兆四千六百三十三億円などとなっている。

岡島は資料の数字を右手で指差しながら、「こういうのを、どう考慮していけばいいのか、これも今日問われているのです」と指摘する。

「たかが経済、されど経済なのだろうけれど、社会のこれからを考えて構築していく時に、経済的側面だけで判断していいのか、それは違うのではないのか。農業は多面的機能を有すると思うのです」

だから、「東京農場なのだ」と岡島は言う。

「東京農場が経済面の向上、農産物の自給率の向上に直接、つながるということはないでしょう。でも東京農場の多面的機能を見てほしい。農業の持っている癒しの力って大事なものです」

坂本が続く。

「牛の乳しぼりをやるということも、まったくの学習体験なのだ。農作業を体験することも、食を考える上では大いに役に立つと思います」

## 自給率アップ効果

食料自給率については、「食料・農業・農村基本法」（一九九九〔平成一一〕年に制定）において、国内の農業生産の増大を図ることを基本として、政府が自給率向上の目標を定めることが規定されている。

世論調査をすれば、国民の大多数が、現状の三九％では満足しておらず、もっと率を高めるべきだと回答している。一方で、自給率向上に対する疑問も多く出されている。

食料自給率だけを向上させたとしても現在の「石油漬け」の日本農業ではエネルギー自給が伴わなければ意味がないのではないか、国際協調を深化させることこそ大切なのではないか。あるいは食料供給不安に対応するためには、供給源を多元化することこそ有効策であり、輸入先国との良好な関係を保つことが重要ではないかという主張が代表的なものである。

この点に関して、同基本法第二条第二項では、「国民に対する食料の安定的な供給については、世界の食料の需給及び貿易が不安定な要素を有していることにかんがみ、国内の農業生産の増大を図ることを基本とし、これと輸入及び備蓄とを適切に組み合わせて行われなければならない」と規定されている。

そもそも、「率」だから、分母と分子に何をどういう単位で計上するかによって、その数値は大きく異なる。代表的なものとして、カロリーベースの「食料自給率」、金額ベースの「食料自給率」、重量ベースの「穀物自給率」がある。

岡島が説明する。

「カロリーベース、金額ベースは、日本人全体の食料消費を分母に置き、そのうちの国内生産から供給されたものを分子に置くという点では共通しているが、その単位をカロリーとするか、金額にするかが違っているのです」

二〇一〇（平成二二）年の食料自給率は、カロリーベースで三九％、金額ベースで六九％となっている。なぜ、これだけの違いが出るかと言うと、最大の要因は、カロリーは低いけれども国内の生産額の大きな野菜類の存在である。穀物自給率は、重量を単位とするものであり、二〇一〇（平成二二）年は二七％、主食用に限ると五九％となっている。

世界の中で見てみると、二〇〇七（平成一九）年の我が国の穀物自給率は、一七七の国・地域の中で一二四番目、ＯＥＣＤ加盟三〇カ国中二七番目となっている。寂しい数字だ。

では、過去を振り返ってみると、農林水産省が食料需給表を初めて作成した一九六〇（昭和三五）年のカロリーベースの食料自給率が七九％であったものが、十五年後の一九七五（昭和五〇）年には五四%、その十五年後の一九九〇（平成二）年には四八%、さらにその十五年後の二〇〇五（平成一七）年には四〇%と低下してきた。

「背景には、日本人の食生活の洋風化、多様化がある」と岡島は言う。資料をじっと見つめ、言葉をつづけた。

「一九六〇年（昭和三五年）には、国民一日一人当たりの食料供給量は、総量二二九一キロカロリーで、その四八%がコメで、畜産物で五%、魚介類で四%、砂糖類で七%、油脂類で五%がまかなわれていた。四十五年後の二〇〇五年には、総量二五七三キロカロリー、構成比は、コメ二三%、畜産物一六%、魚介類五%、砂糖類八%、油脂類一四%となっている。コメの構成割合が二割強減少し、畜産物、油脂類が一〇%程度ずつ上昇している」

ただ畜産物については、国内生産も順調に進展してきたが、家畜の飼料に関しては大半を海外に依存している。また、油脂類の原料である大豆、ナタネなども大半を海外に依存しており、その結果、自給率が低下してきているのだ。

## 東京農場は食農教育の場

農林水産省の試算によれば、これらの海外に依存している農産物を国内ですべて生産するためには、現在の我が国の耕地面積の二倍強の一四〇〇万ヘクタールが必要である。現在の食生活を前提として、自給率を向上させるにはどうしても限界がある。

それでも自給率を上げるためにはどうすればいいのか。やり方は二つ、と岡島が言う。

「一つは残食を減らす。農作物をゴミとして捨てることを極力、避けること。もう一つは食べ方。今は、コメ中心の食べ方から肉と油に食べ物の供給源が移ったが、その肉と油はほとんど海外からです。だからコメ中心の食べ方に戻せばいいのです」

その気づきの場として、「東京農場が効果を果たす」とそう坂本は言葉を足すのだ。

「そりゃ東京農場に自給率への直接的な効果はない。でも意味はあります。東京農場を知ることで、自給率への意識を高めることになるのではないでしょうか」

坂本と岡島、私たちは、一緒に避暑地のレストランにランチを食べにいった。ビュッフェスタイルでひとり千四百円。新鮮な野菜から肉、グラタン、パスタ、卵料理、カレーライスなど、豪勢なメニューが並ぶ。

岡島がいたずらっぽい笑顔を浮かべながら、説明する。

「自給率四〇%というと、六〇%のカロリーは海外から輸入していることになる。ここのレストランは地元産が多い方です。野菜は国産。でも畜産物のエサは海外から。スパゲッティの小麦は海外から、玉子焼きの卵は国内としても、ニワトリのエサは海外から。天ぷらソバのソバは海外、エビも海外、コロモも海外。今は、おカネさえあれば、海外から農作物をどんどん買うことができています」

坂本が、料理の積まれた皿を見つめ、ボソッともらす。哀しそうな声だった。

「こんな贅沢して、次の世代にしわ寄せがいかないだろうか」

東京農場が「食農教育」につながる、と言葉を足す。食べもの、農業を考えるきっかけになるというのだ。

「自給率を上げるためには基本に戻る。食べ物を残さない。感謝して食べる。そういったことを、東京農場から学ぶことができるのです。そう食農教育の場なのです」

## TPP論議と東京農場

農業は多面性、多義性を持っている。さらには時間軸が長いのだ。

二〇一〇年一〇月、前原誠司外相（当時）は講演で「外交の最優先課題は経済に尽きる。経済外交の柱は国を開くことだ。……TPP（環太平洋経済連携協定）に入るべきだと思っている」とし、「日本の国内総生産（GDP）における割合が一・五％の第一次産業を守るために、九八・五％が犠牲になっている」と発言したと報じられた。

また、二〇一一（平成二三）年一一月、野田佳彦総理（当時）は、TPP交渉参加に向けた記者会見で「美しい農村は断固として守り抜く」とコメントした。「美しい」とは何なのだ。

岡島が憤る。

「もうメチャクチャ。美しい農村って、一定の農業活動がある風景を言うのでしょう。TPPに参加して、ほんとうに自給率を下げていいのか、と聞きたい。少なくとも、TPPに参加して自給率の向上はありえないでしょう。維持も無理でしょう。TPPを金科玉条のように思っている人々は自給率低下についてどう考えているのだろうか。食料・農業・農村基本法を抜本的に改正する、そういう案をきちんと提示した上で議論すべきなのです」

たしかにTPP賛成論者が、強い農村をつくればいい、大規模化すれば自給率を守れるなんていうのは空論であろう。

岡島は警鐘を鳴らす。

「ＴＰＰについて、あまりにも経済の側面からだけ議論されています。それ以前の多面的機能とか、文化的側面とかがないがしろにされている。議論の土俵を広げるべきです」

暴論のインチキを見破ることができないのは、農業に無知だからである。だから「東京農場」なのだ。都市の人も農業とはこういうものだと知れば、ＴＰＰや農業をきちんと考えるきっかけになるのだ。

現行の「食料・農業・農村基本法」では、「国内農業の生産の増大を図ることを基本とし「自給率の向上を旨とする」よう規定されている。でも素朴に、これらがすべて成り立つとは、とても考えられない。

何を優先するか、逆に何を切り捨てるのか、という点を明確にして議論すべきなのだ。

その場合、たしかにＴＰＰそのものは、経済的側面だけの協定かもしれないが、日本農業に与える影響、ひいては多面的機能の劣化などによる国土なり社会への悪影響を冷静に予測しなければならない。その上で、きちんと議論されなければ、将来に禍根を残すことになる。だから、と岡島は言う。

「とてもＴＰＰ参加に賛成することなどできないのです」

戦後日本農業は、通商政策に翻弄されていた面がある。貿易黒字解消のための農産物輸入自由化などは、その典型だ。事後対策をきちんとすれば治癒する面もあるが、現在の食料自給率三九%という実力の下で、今後数世紀の日本の総合的なありようをきちんと見据えて、議論することが大切なのだ。

坂本もTPPを憂うる。

「TPPですべて自由化したら、膨大な損失が出るでしょう。なぜなら、これまで農地や農道、水路など、膨大な投資が行われてきました。その投資が無駄になるのです。強い農業で自給率が上がるのか。世界的に何かがあったら、TPPなんか意味がなくなる。何も輸入できなくなるでしょう」

岡島がからだを乗り出す。

「だいたい、ノーガードの打ち合いをしていいのか、ということです。ある程度、戦い抜く強い農業というのはわかる。でもボクシングでもサッカーでもラグビーでも、まずディフェンスから入ります。なぜ日本の農業がディフェンスを取っ払うのか。平均規模でいったら、日本とアメリカ、オーストラリアはあまりにも違いすぎるのです」

## 4　いのちの道（ライフロード）

### 東京の明日のために

二〇一一（平成二三）年の東日本大震災以降、原子力発電問題で日本は揺れている。原発推進派は決まっていう。原子力発電所を再稼働しなければ、経済成長できないのではないか。国際競争力が落ちるのではないか、と。

でも、それは経済成長を目的化しているのではないか。経済成長は豊かな生活を得るための手段にすぎないのだ。これは文明論、生きざまの問題になってくる。つまりは、と岡島は言う。

「ちょっと昔に戻ろうよ、ということです」

岡島は思い出す。東京農場研究会に参加した頃を。

「びっくりしました。ともかく七人のサムライの熱気に圧倒されました。議論されていることが本気で実現するための数字の詰めなど、実現を前提にしていて驚きの連続だったのです」

補助金で何か行うことが常態化していた農業界にあって、いわゆる自腹を切って、七人が東京に集まってきて、議論している姿は衝撃でもあった。

「もちろん、私は役人だったから、できない理由を考えるのは得意で、すぐにいくつも浮かんできました。でも、そんな屁理屈よりも、坂本さんたちの構想のスケールの方が上回っているなと痛感したのです。魅力的だったのです」

岡島の記憶は鮮明である。

「〝常識を疑え〟と、よく言われます。まさにそれでした。どうして、都市には公園が必要とされ、農地は排除されているのか、などはその典型でした。NIMBY（ニンビー、Not in my back yard）という言葉があります。食料は、生きていく上で不可欠なものだが、その生産の場は、どっか他で見つけてくれという。空間的分業というのも必要かもしれないけれど、なぜ、都市に農業があっちゃいけないのか。これは、あらためて問い直されるべき大切な問題だったのです」

さらにNIMBYを捕捉説明すれば、東京というところは、自分たちは使うことは使うけれど、危ないものは近くに置きたくない。例えば原発は遠くに造りたい。都市計画法における、都市には農地、農業が必要ないというのはナンセンスなのだ。ほんとうにそんなことでいいのかどうか。

自然界にはゴミなんてないのだ。ある生物種の排泄物なり不要物は、必ず他の生物種の有用物になって、そういう風にして、自然は循環している。かつての人類もそういうサイクルの中で生き抜いてきたのだと思う。なのに、いつの頃からか、ゴミを捨て、どこか見えないところに持っていけば、それで事足れりとするようになってきたのではないか。

「廃棄物処理場は、人間の負の側面の蓄積したものではないのか。その典型である東京湾の埋め立て地を、植物の力で〝生きた土地〟に戻そうというのは、すごいことだと感動したのです」

**東京農場の実現のために**

なぜ東京農場の実現へのハードルは高いのか。「そんなの簡単ですよ」と岡島は素っ頓狂な声を出した。

「地主さんが〝うん〟と言うかどうかだけだから。当時、坂本さんの活動を見聞きしていて、これは都民がその気にならなきゃダメだなと感じました。埋立地の地主さんは東京都（港湾局）。同じ役人として感じていたのは、こんな、ある種とんでもない構想をリスクを背負ってまでやろうなんていうのは、役人の手には負えないんじゃないかな」と。

では無理かと言うと、そうではなくて、役人が動ける環境をつくればいいわけだ。そのためには、一番は都民の声なのだ。

「こういうときは、〝数は力〟です。東京農場はほんとうに不思議な魅力があります。魔力って言った方がふさわしいぐらいに。いろんな人に話すと、異口同音に面白いよって言ってくれます」

でも、現実には一歩も前に進まない。どうすればいいのか。

「どうするかって、私なりにずっと考えていた。やっと出た答えが、都民の多くの人に知ってもらうことなのだ。東京農場の効用って、もちろんいろいろな意味を持ち合わせている。でも、まず、面白いと感じるか否か、そこが出発点ではないでしょうか」

## これからの東京に必要なこと

世界的な自然災害の多発、経済危機の状況の中、都民生活の安全・安心の確保、産業の再生、エネルギー大量消費社会からの転換などが求められている。

このため、人が集中し生活する都市にこそ、さまざまな公益的機能を持つ農業が必要であるとの理念の下、さまざまな経験を積んだ人と東京の土地を活かし、農業・農地の多面的機能を余す所なく発揮する東京型の六次産業を展開し、都市と共存する新たな総合生命産業の創出が必要である。

東京都が作成した『十年後の東京』には、こう記されている。

東京が近未来に向け、都市インフラの整備だけでなく、環境、安全、文化、観光、産業など様々な分野で、より高いレベルの成長を遂げていく姿を描き出し、その実現のため、今日まで数多くの課題を克服してきた経験とノウハウを活かし、東京にしかできぬ現実性のある政策を複合的に講じていく。

●水と緑の回廊で包まれた、美しいまちを復活させる。
●世界でもっとも環境負荷の少ない都市を実現する。
●災害に強い都市をつくり、首都東京の信用を高める。
●世界に先駆けて超高齢社会の都市モデルを創造する。
●都市の魅力や産業力で東京のプレゼンスを確立する。

●意欲ある誰もがチャレンジできる社会を創出する。

坂本は、東京都の『十年後の東京』のメモを見るや否や、笑顔を浮かべた。

「ここにあること、東京農場で全部、解決できるぞ。東京農場の役割に全部、絡んでいます」

東京の課題で一番は災害対策であろう。もしも地震が起きたらどうすればいいのか。火災も発生したらどうすればいいのか。

「東京農場が大きな役割を果たします。三〇ヘクタールの東京農場があれば、地震や火事、熱風が巻き起こっても、都民はそこに逃げ込めばいい。グリーンスペースがあれば、被害は小さくてすみます。食料もあります」

いつのまにか、東京はほとんど、コンクリートとアスファルトのまちとなった。新宿の高層ビル街を見て思うのは、ほんとうにこのままでいいのかどうか、ということだ。

「東京農場は、いのちのＤＮＡを呼び覚ますことになる。いのちの道の気づきでもある。農作物や家畜を飼育することでいのちのもろさを知ることにもなるのだ」

## いのちの道（ライフロード）

岡島は、東京農場の候補地として、ゴミ捨て場にこだわっている。

「なぜかといえば、ゴミ捨て場が人間の欲望の捨て場だから。残がいが積まれた不気味な場所だから。この腐海を農業の力で樹海に変えたいのです」

確かに東京農場ができたからといって、自給率の向上に直接、結びつくわけではない。日本の農業の足腰が強くなるわけでも、国際競争力が増すわけでもない。農場を開くのであれば、わざわざ東京のゴミ捨て場ではなく、全国各地の耕作放棄地を使えばいい。

「でも、やはり東京農場なのです。感性に訴えるからです。もう理屈を超えているのです」

岡島はからだを乗り出し、説明し始めた。農作物の生産現場を知ってもらいたいからだ。例えば、自動車やパソコンやスマートフォンがどのようにして作られているのか、それを知っておく必要はあるのか。ノーだ。食料は工業製品と同列の「商品」ではないのだ。

人は生きるために不可欠な食べものの生産過程と離れてはならない。工業品とちがう「生命《いのち》」から生み出されてくるものを大事にする。きれいな面ばかりでなく、負の側面もいろいろ見る。生産過程を見なければならないほど、食べものとは人にとってすごく大切なことなのだ。

明日の東京の一番の課題は災害対策であろう。いのちの道とは、災害時の避難の道筋である。坂本は言う。

「地震が起きたら、人はどうすればいいのか。電車がストップした場合、家に帰れなくなった場合、どこに逃げればいいのか。そのシミュレーションはしておかなければならない。それが、いのちの道。逃げ場が、いのちの駅となります」

そのシンボルが東京農場となるのである。東京都のあちこちに東京農場ができてもいい。ただ一番のシンボルは東京湾岸のゴミ捨て場の東京農場としたくなる。

坂本は、これからの日本人に対し二つの課題を感じている。一つは、「いのちを守る」、「逃げる」ということを、もっと日本人の遺伝子に刷り込む必要があると思う。二つ目はいのちを守るための「逃げ道」と「逃げ場」を自分たちでつくることだ。

どこへ逃げるのか?

答えは「駅」である。駅は道、線路につながっている。命を守るためには、「逃げ道」「逃げ場」が必要なのだ。その「道」や「駅」を活かす訓練が必要であることはもちろんだが、日常の生活、仕事、遊びの中で、自然とのつながりを自覚し、「いのちを意識する場」もまた、必要なのではないか。

いのちを大切にするための「心づくりの場」。それぞれの地域に「いのち」を守る「いのちの道」といのちの守りを認識する「いのちの駅」を創るべきだ。いのちの駅が農場、それをつなぐ道が「いのちの道」すなわち「ライフロード」である。

緊急時でなくとも、ライフロードは活かされる。農場から生み出される農作物の生産、加工、販売だけでなく、その物流機能を活用して、東京都の内外の農産品を集めて販売する、いわば「食の物流ネットワーク」となるのである。

「未来はどうなる」

不意に、坂本はごつごつした右手で卓をたたいた。声がいくらか高かった。

「日本の農業の未来を考えろよ。東京の未来を考えろよ。そんな思いがいつもあります。東京農場でなく、生命総合産業といえば、ものすごく価値がちがってきます。もうちょっと、東京も落ち着いた大人になってみたらどうなのか。あまりギラギラ、イライラせず、もう少しゆったりと生きたらどうなの。そうつくづく思うんです」

いのちの道（ライフロード）が、生命総合産業の血脈となる。そのキーステーションに東京農場がなる。すなわち東京農場は、地球再生、人間復興の象徴となるのである。

『「東京農場・花の海」開発事業』と、表紙に書かれた企画書は、一三ページにわたっていた。「―中央防波堤埋立地―開発構想」「借地事業計画・実施計画書」「―いのちの駅―づくりビジョン」などとも書かれ、右肩には赤字で「取扱注意」と付いていた。「事業開発提案書作成　平成二四年四月」「企画提案者　船方農場グループ　坂本多旦」とある。〔以下、抜粋〕

## 【付録】新・東京農業構想

**【「中央防波堤埋め立て地」開発構想とは】**

1．中央防波堤に「東京農場・花の海」を整備する

命と環境とエネルギーのテーマパークとして超高度な施設や技術、未利用エネルギーの高度利用等により、日本一経済性の高い農業モデルとして「東京農場・花の海（野菜工場）」を整

備。付帯施設として食品加工、販売、交流の場を一体的に整備し、「生命総合産業」の拠点を創り、新鮮で安全な食料や体験による食農教育、潤いや安らぎ、雇用の場を地域に提供する。さらに、災害時の避難や帰宅支援施設を併設し、「いのちの駅」を創設する。

2．また埋立地に「花の海」を実現する

東京湾中央防波堤外側埋立地の未利用期間を活用し、広大な花畑や作物を生産、その生産物や花の残滓を活用してバイオエタノールを生産する。すなわち、生産物にダイオキシン等毒物を吸収させ、エタノール生産で毒物を分離除去し、腐海を樹海とする。いわば、東京農場構想は「風の谷のナウシカ」の実現である。

**【事業の目的】**

東京の巨大なゴミ捨て場に、農業の持つ多面的機能を有機的に組み合わせた東京農場「花の海」を整備し、「生命総合産業（第六次産業）」を確立する。その多面的機能を最大限に活用して、生産・加工・販売・交流の施設を創出する。産・学・官・国民が明確な役割を分担し事業に参画して、「東京農場・花の海」づくりを果たす。すなわち、現状の「腐海」を命を育てる「樹海」にするための「いのちの駅」をつくろうという計画である。

○具体的な提案と目的は以下の通り

①大規模な野菜や花の苗を農商連携により生産する園芸施設を整備。また水耕栽培を活用した「施設園芸農場（野菜工場）」、食品加工場、販売場、レストラン、子どもたちが遊ぶ体験農場などの施設を整備する。これらの各事業はそれぞれの経営の自立を図る。

②農場を中心とした新しい命とふれ合う体感の場、自然の中のレクリエーションを通じて命の教育の場を創出して、都民に開かれた臨海地域をつくる。

③人、もの、技術のネットワーク化と、都民・企業・国民が出資参加し、経済的自立を図る。

④大都市の災害に対応するために、避難場所や帰宅支援施設などの整備を図る。

⑤農業による「第六次産業（生命総合産業）」を創出し、雇用の場を創出する。

⑥東京湾中央防波堤外側埋立地には広大な未利用の土地があり、開発利用までの間（地盤の不安定期間）トウモロコシ、サトウキビ等や広大な花畑「花の海」をつくり、その生産物と地域の生ゴミを活用してバイオエタノールを生産する。生産植物にダイオキシン等毒物を吸収させたエタノールの生産過程で毒物を分離除去する。

⑦大規模最先端技術を整備したエコファームとして、「日本農業のモデル」を確立する。

**【事業に必要な用地と施設と利用の考え方】**

＊「東京農場・花の海」整備の用地として「外側防波堤埋立地」の一部を借地し活用する

●農場の経営になくてはならない生産施設、食品加工場施設、生産者との交流施設等の用地については、東京都との長期借地契約の設定が必要である。施設は、いかに生産に支障なく、生活者に開放するかが重要な課題である。従って、「海の森」公共緑地と同じ機能を持つ農業公園（ライフパーク）として、景観、緑地保全や災害時の避難場所等、公益的機能を有する施設となる。

●野菜や花の生産施設、食品加工場施設、生活者との交流施設の整備については、助成金事業や借入金、出資金をもって整備する。経営については農産物の生産、販売、飲食兼等の事業収支により経営として自立させる。

＊「花の海（バイオエタノール生産）」整備の用地として「外側防波堤埋立地」を活用する

●中央防波堤埋立地の港湾施設や都市開発等の建設着工までの遊休期間を環境整備用地として時限的に「レンゲ・菜の花・コスモス」等の花畑「花の海」として活用する。

●埋立によって、喪失した海面という自然を、開発を待つ期間放置するのではなく、少しでも早く緑地に転換することが必要であると考える。特に大きな投資をしなくとも、用地の規模に応じた生産形態を選択できるのも、農業が持つ特性のひとつである。

**【施設等整備計画の概要（借地整備事業）】**

＊「東京農場・花の海」整備の概要～経営として自立する施設整備

中央防波堤埋立地に、日本最大の施設園芸農場「植物工場」を整備する。内容は、三三ヘクタルの用地に一九ヘクタルのハウス施設を整備し、五万五〇〇〇平方メートルのハウスで野菜や花の苗物を生産、一三万五〇〇〇平方メートルのハウスにおいてベンチや水耕栽培等による野菜の生産を図り、苗物は全国に、野菜は東京都や関東地域の量販店や外食産業に超新鮮野菜として供給する。すなわち農・商連携産業のモデルを整備確立する。また植物工場と一体的に三七五〇〇平方メートルの用地において東京都の農家や全国の農業法人と連携して、農産物加工場や販売の場、交流の場等を整備する。さらに、災害時の避難場所や帰宅支援施設機能も整備する。

施設の整備については経営主体が整備し、運営と管理は経営として自立させる。

＊「花の海（バイオエタノール生産）」整備の概要～NPOで運営する施設整備

中央防波堤埋立地が港湾開発や都市開発までの遊休期間、環境整備と土地の再生を図るために、「レンゲ・菜の花・コスモス」等によるクリーン植物を栽培し、埋立によって喪失した海面にかわって美しい「花の海」を創出する。

**【事業の実施場所】**

東京都臨海副都心沖中央防波堤埋立地を活用し整備する。

**【事業計画の内容〔目標達成時の規模〕】**

1．開発事業名　中央防波堤埋立地植物工場等整備事業

2．開発の名称と事業主体

（1）開発の名称　「東京農場・花の海」開発

（2）整備主体　株式会社「東京農場・花の海」

（3）経営主体　株式会社「東京農場・花の海」

3．事業の実施場所

（1）実施地区　東京都　東京湾中央防波堤埋立地

（2）実施場所　東京都　東京湾中央防波堤外側埋立地

（3）対象地区面積　四〇〇㌶

（4）園芸等施設整備事業実施面積　三三三㌶

（5）未利用地花畑化事業実施面積　三六七㌶の内、東京都が可能と認めた用地

4．土地の利用計画

（1）土地利用の概要

＊園芸施設等整備土地利用の総面積　三三ヘクタール

●施設園芸整備用地面積　二八・六ヘクタール

●加工、販売、交流等施設整備用地面積　四・四ヘクタール（避難場所等支援施設を含む）

（2）土地利用の内容（割愛）

5．実施事業の内容と生産規模計画（割愛）

6．施設整備計画と資金調達計画

（1）施設整備計画（明細は割愛）

合計＝数量・二〇万七六〇〇平方メートル　単価・四万二千七百七十五円　事業費金額・八十八億八千万円

（2）資金調達計画

補助金　四万二億九千万円（四八％）国・東京都

借入金　三十四億円（三八％）

自己資金　十一億九千万円（一四％）資本金

7．労務計画

（1）合計必要労務者数　九〇〇人

常勤労務者数　一三〇人
パート労務者数　七七〇人
（2）労務の内訳（割愛）
8．生産計画〜船方総合農場Gがモデル
9．販売計画
10．収支計画（目標計画）
収入の部
苗物部販売額　十四億二千万円
野菜部販売額　十一億二千万円
加工部販売額　三億七百万円
売店部販売額　十六億二千万円
外食部販売額　五億八千五百万円
収入合計　五十億五百万円
支出の部
種苗費・仕入・原材料　十七億六千万円

| | |
|---|---|
| 資材・肥料・薬剤他 | 五億九千万円 |
| 車両費 | 二百八十九万円 |
| 光熱・水道他 | 二億二百万円 |
| 販売・運送費 | 一億七千万円 |
| 諸税公課・借地料等 | 一億百万円 |
| その他経費 | 二千七百万円 |
| 借入金利子　一・五% | 七千二百万円 |
| 労務費　社員・パート | 十一億二千万円 |
| 管理費　管理労務費含む | 一千六百万円 |
| 減価償却費（平均償却年数一五年圧縮五〇%） | 二千百万円 |
| 支出合計 | 四四億一千万円 |
| 税引前利益金 | 六億三千五百万円 |
| 消費税　一〇% | 一億八千万円 |
| 法人税　四五% | 二億四百万円 |
| 税引き後利益金 | 二億四千九百万円 |

## 11．事業主体・経営主体の組織体制

### （1）株式会社「東京農場・花の海」の組織体制

東京農場（(株)東京農場・花の海）は、農業経営の六次化と農商連携という二つの経営システムの確立を目指し、経営の六次化については事業部門組織により構成することで、一次・二次・三次間に発生する取引等競合関係の調整と効率的な経営を確立する。また農商連携システムを加えることにより経営に厚みができ、農業が持つ多面的機能の最大限の発揮と経済的なメリットを創出する。各部門は明確な独立採算制をもって運営する。

先端技術を整備したエコファームとし、良質で安定した生産システムの構築、都民との交流、災害時の避難場所や帰宅支援組織としての機能も果たす。

①組織の形態　「株式会社」形態とする。

②会社の構成　「東京都民・国民・農業法人・企業」等を以て構成する。

●資本金　十一億九千万円

③会社の名称　株式会社　仮名「花の海・東京農場」

④会社設立の目的　園芸（苗物）・野菜（イチゴ・野菜）・農産加工・販売・外食・農業体験・イベント・日本農業の企画・提案等の事業を行う。

この企画書には綿密な運営体制表も付けられている。最後には課題と効果として、次のように付記されていた。

「課題」

●長期（三五年間）安定・低借地料の借地契約ができるか。
●安定・良質・安全な生産技術の確立。
●出資者・経営者・労働者への妥当な分配調整ができるか。
●今後の農業経営政策の展開。
●水路・農道等公的施設の保全と維持や災害への対応策
●農産物販売価格低下時への対応
●施設整備資金と運転資金の確保

「地域社会にもたらす効果」

●都民の癒しの場、いのちへの体感・体験・教育の場を提供できる。
●二一世紀の「地域農業経営体」が確立され、「日本農業のモデル」となる。

●「持続的資源循環型農業の確立」を果たすことができる。
●地域用地の効率的な有効利用が可能となり地域が活性化する。
●地域の災害時における避難所や帰宅支援拠点ができる。

【坂本多旦《さかもとかずあき》】略歴

一九四〇年　山口県阿武郡阿東町（現、山口市）に米作農家の長男として生まれる。

一九六四年　山中間の阿東にて仲間五人とシクラメンと酪農の農業法人船方総合農場を旗揚げした。非農家出身者を多く雇用する一方、「六次産業化」「システム化」などによる農業の企業経営化に成功。早くから都市農村交流に力を入れ、同農場は入場料を取らない「〇円リゾート」としても話題を呼んだ。

一九八七年　朝日農業賞を受賞。政府審議会の委員も務めた。社団法人日本農業法人協会の初代会長。

二〇一三年　グループ五社を束ねる、みどりの風協同組合理事長（船方農場グループ代表）。「道の駅」の発案者としても知られる。

## 【主要参考文献】（順不同）


『山口県における広域交流拠点整備に関する調査報告書』山口県農林部　一九九七年
『農に人あり志あり』岸康彦編（聞き手）　創森社　二〇〇九年
『東京の都市計画』越沢　昭著　岩波新書　一九九一年
『東京農業のすがた』東京都産業労働局　二〇一一年
『東京農業振興プラン』東京都産業労働局　二〇一二年
『クローズアップ激震の昭和』世界文化社　一九九六年
『国土政策関係研究支援事業研究成果報告書』国土交通省　二〇一一年
『船方農場グループ確立への歩み』船方農場グループ　二〇一二年
『食料危機にどう備えるか』日本経済新聞出版社　二〇一二年
『平成２３年度　食料・農業・農村白書』農林水産省　二〇一二年
『東京農業史』仲宇佐達也著　けやき出版　二〇〇三年


＊このほか船方農場グループ、日本農業法人協会、東京都、農林水産省ホームページ、朝日新聞、読売新聞、ウィキペディアなどの記事も参考にしました。

## あとがき

なぜオマエが農業のことを書くのか。

そう、いろんな人に聞かれた。そりゃそうだ。ふだんはスポーツの話題ばかりを追いかけている。でも、正直、農業を書いたつもりはない。農業を通し、坂本多旦《かずあき》という人物を書いたのである。ジャーナリズムに携わる者として、この人の生き様、「東京農場」構想のことは記録されるべきだと意欲が沸いたからである。

いわば「縁」である。二〇一一年の師走、東京の某レストランで、ラグビーに造詣が深い岡島正明さんから「東京農場」構想のことを聞いた。東京湾の「ゴミの山」の埋立地を農場にするという。オモシロいと思った。そんなことを発想する人物に会いたくなった。

雪の中、中国山脈の山奥の山口市阿東徳佐《あとうとくさ》を訪ね、坂本さんと酒を酌み交わした。

「日本の農業に未来はあるのか?」

突如、そんなことを聞かれた。もちろん答えに窮したけれど、生まれて初めて農業のことを考えるようになった。農業は国内産業の根幹である。生きるとは食べること、農業なくして日本の明るい未来はない。うわべの言葉を並べても、農作物の国内自給率も、法人経営や自給農業者などの形態も知らなかった。TPP（環太平洋経済連携協定）参加に伴う国内農業への影響に関してはチンプンカンプンだった。

ただ農業は分からなくとも、一流の人かどうかはわかる。まっすぐな目。腹の底からの笑い。実体験に裏付けられた語りは迫力があった。この、ありあまる熱は、いつだって必死で生きてきた人ならではの自信から放たれるのだろう。

坂本多旦は農業を生きている。理想だけでなく、現実を直視し、ビジネス上の計算も忘れない。「夢ではなく、未来を語る」のである。

いろんな人から話を聞けば聞くほど、東京農場の理念に魅了されていく。新たな農業構造、農地の利用体系を確立するため、モデルケースとして東京農場を作ったらどうだろう、と考えるようになった。癒し、防災、土地再生、人間復興……。東京農場で、農業が持つ広範囲な機能と価値を活用してみたらどうなのだ。

二〇一三（平成二五）年三月某日。

坂本さんほか、岡島さん、東京都庁の武田直克さんが東京・新橋のビジネスホテルのレストランに集まった。律義にも、三人ともネクタイ姿だった。テーマが「東京農場」。

坂本さんはドリンクバーの野菜ジュースを飲んでいた。時折、右コブシを振りあげながら、熱く語り続ける。テーブル越しの空間が制圧されていた。

「TPPがくるにしても、こないにしても、日本の農業がどうあるべきかを考える時期にきている。強い農業ってなんだ。そのひとつが東京農場になるんじゃないか」

岡島さんはシラガまじりの長いあご髭を右手でさわり、唇だけで静かに笑っている。

「坂本さんの持っている熱が東京農場の推進力です。もう熱伝導みたいなものでしょ」

武田さんは両肘をテーブルに付け、両手を握りしめている。笑顔で、ふと漏らした。

「東京農場、なんだか半歩前進した気分です」

みんな東京農場実現のポイントは分かっている。トップの東京都知事が「やろう」と言うか、都民の多くがその気になるかだろう。

坂本多旦さん、中園良行さん、武田直克さん、岡島正明さんは、私のしつこく拙いインタビューに何度も付き合ってくださった。

辛抱強くサポートしてくれた論創社の森下紀夫社長、担当の森下雄二郎さんにもお礼を言わなければならない。みなさん、ありがとうございました。

二〇一三年春

松瀬　学

**松瀬 学**（まつせ・まなぶ）
1960年長崎県出身。早稲田大学ではラグビー部に所属。83年、同大卒業後、共同通信社に入社。運動部記者として、プロ野球、大相撲、オリンピックなどの取材を担当。96年から4年間はニューヨーク支局に勤務。02年に同社退社後、ノンフィクションライターに転身。人物モノ、五輪モノを得意とする。日本文藝家協会会員。東京学芸大非常勤講師。著書に『汚れた金メダル』（文藝春秋＝ミズノスポーツライター賞受賞）、『早稲田ラグビー再生プロジェクト』（新潮社）、『サムライ・ハート上野由岐子』（集英社）、『匠道』（講談社）、『ラグビーガールズ』（小学館）、『負げねっすよ、釜石』（光文社）、『東京スカイツリー物語』（ＫＫベストセラーズ）など多数。

**東京農場——坂本多旦 いのちの都づくり**

2013年3月25日　初版第1刷印刷
2013年3月30日　初版第1刷発行

著　者　松 瀬 学
発行者　森下紀夫
発行所　論 創 社
東京都千代田区神田神保町 2-23　北井ビル
tel. 03（3264）5254　fax. 03（3264）5232　web. http://www.ronso.co.jp/
振替口座　00160-1-155266
装幀／宗利淳一＋田中奈緒子
印刷・製本／中央精版印刷　組版／フレックスアート
ISBN978-4-8460-1222-9
©2013 Matsuse Manabu, printed in Japan
落丁・乱丁本はお取り替えいたします。

論　創　社

**農の美学◉勝原文夫**

日本風景論序説　戦後30余年の全国の農村調査での見聞から、60年代以降の高度経済成長のもたらした農村風景の荒廃を、古来日本人の風景観の核心をなす〝原風景〟を基として、多様な論点から告発する。　**本体2400円**

**都市と農村の間◉渡辺善次郎**

都市近郊農業史論　有機農業の復権がエコロジーの名のもとに謳われる今日、野菜と下肥の物質環境構造を基軸に据えて、日本史と世界史を展望する。都市＝農村関係の変革をせまる一冊！　**本体2800円**

**水の思想◉玉城哲**

農村利水の調査に基づく体験と思索から、日本人の精神的風土の特質を、水社会＝稲作文化に求めた著者は、その水社会的な性格の独自性に論及し、かつ都市化・工業化に伴う水問題の解答を示唆！　**本体2200円**

**地球温暖化問題と森林行政の転換◉滑志田隆**

$CO_2$抑制へ、行政の針路を森林にとれ！

深刻化する地球温暖化問題の全体像を提示しつつ温暖化防止を巡る国際的・国内的な動向を踏まえ日本の森林行政・森林保全の在り方に言及する。　**本体3800円**

**新型世界食料危機の時代◉高橋五郎**

中国と日本の戦略　中国と日本の農村を40年に渡って歩き続けた著者は、両国の土壌がやせ細っていく現実と、農薬等による食料そのものの危険性を直視しその変革を、農業の開国と自由化に求める！　**本体2500円**

**文明の衝突と地球環境問題◉金子晋右**

グローバル時代と日本文明　古今の文明は環境の劣化によって崩壊してきた。市場原理主義は現在、地球環境を食い潰しながら世界中を巨大な絶滅収容所にしている。地球環境再生の鍵を示す斬新な文明論。　**本体2500円**

**共創のまちづくり原論◉小松隆二・白迎玖・小林丈一**

環境革命の時代　ゆたかな共創のまちづくりとはなにか。まちづくりと環境革命・脱温暖化／街路樹の意義／大学・学生の役割、最初のまちづくり思想家等について、理論と活動の両面から考察する。　**本体2000円**

好評発売中